KB275226

50 WAYS TO
WEAR A SCARF

스카프를

매는 50가지 방법

로렌 프리드먼 지음 | 서나연 옮김

WILLSTYLE

50 WAYS TO WEAR A SCARF

오늘의 내가 있게 해준 어머니와 할머니를 위해.

그리고 2010년의 마지막 날, 어머니의 옷장에서 슬쩍 가져온 후
몇 주만에 잃어버린 내가 가장 좋아했던 스카프:
네가 이 책에 나왔다면 정말 근사했을 거야.

CONTENTS

    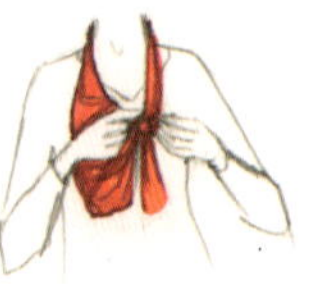 

들어가며

스카프는 단순히 장신구가 아니다. 스카프를 매면 전혀 다른 시간과 공간으로 순간 이동을 할 수 있다. 유행을 안 타는 무난한 바지에 단순한 상의를 입었을 때, 가장 좋아하는 스카프를 꺼내 들고 이 책에서 소개한 방법들 가운데 한 가지를 골라서 매보자. 순식간에 전혀 다른 사람으로 변신한 자신의 모습을 볼 수 있을 것이다. 스카프 한 장으로 센 강변을 거니는 매력적인 프랑스 여인이 될 수도, 강의를 빼먹고 느긋하게 스쿠터를 타고 달리는 학생이 될 수도 있다. 아니면 유목민과 커피를 마시며 대화를 나누는 인류학자가 될지도 모른다. 매일 반복되는 일상 속에서 늘 비슷해 보이는 차림새에 확실한 느낌표를 찍어줄 수 있는 마지막 장식이 바로 스카프이다. 스카프를 두르면 제각각이던 옷가지들이 하나의 조화로운 '옷차림'으로 완성된다.

이 책에 실린 스카프 삽화들은 내가 가진 스카프들을 그린 것이다. 나에게 스카프는 단순히 한 무더기의 천 조각들이 아니라, 내가 살아온 이야기와 추억들을 담고 있는 소중한 보물이다. 내가 처음으로 두른 스카프는 어머니에게서 물려받은 것이었다. 어머니가 자유분방한 생활을 즐기던 미혼 시절에 애용한 퍼플 페이즐리 무늬 스카프였다. 그 스카프를 두르면, 난 더 이상 빨리 크기만을 기다리는 어린 중학생 여자아이가 아니었다. 매일 교복처럼 입던 티셔츠와 청바지를 그대로 입고 스카프만 둘렀을 뿐인데, 나는 마치 스스로 이렇게 외치고 있는 듯했다. "나는 나만의 스타일이 있는 젊은 여성이야. 나만의 퍼플 페이즐리 드럼 박자에 맞춰 당당히 걸어갈 거야!"

나는 이 책을 통해 한 가지 스카프로 얼마나 다양한 스타일을 연출할 수 있는지, 그 무한한 가능성을 보여주고 싶었다. 스카프를 맬 때마다 한 번 질끈 묶고 마는 단순한 방법에 질렸다면 두려워하지 말고 시도해보라. 여기 그림을 곁들여 소개한 50가지 다양한 방법들이 있다. 매는 방법에 따라 모두 조금씩 다른 분위기가 날 것이다. 기분이나 날씨에 맞추어 혹은 상황에 따라 적절한 방법을 선택해보자. 장 보러 갈 때는 오드리(p.98) 스타일을, 클럽에서 신나게 즐기는 밤에는 클러치(p.36) 스타일을 따라해보자. 가장 가까운 친구인 반려견을 꾸며주고 싶을 때는 퍼피(p.118) 스타일을 참고하면 된다. 이제 옷장 구석에 처박아둔 스카프에 새 생명을 불어넣을 때가 왔다. 두려워하지 말고 과감해지자!

– 로렌

스카프의 종류

정사각형 스카프

1 면, 실크, 캐시미어 소재의 스카프나 숄

2 반다나*, 행커치프, 작은 정사각형 실크 스카프

직사각형 스카프

3 울, 면 소재의 두꺼운 겨울용 니트 목도리

4 실크, 면, 캐시미어 소재의 긴 스카프

* 스카프 대용으로 쓰이는 큰 손수건.

스카프 보관법

갖고 있는 스카프를 계속 체크할 것! 나는 그림과 같은 형태의 정리도구(이케아에서 구입 가능)를 사용한다. 양쪽 끝자락이 흘러내리지 않도록 스카프를 한 번 묶어서 뒤쪽으로 늘어뜨려 걸어두면 된다. 모양과 색상에 따라 정리해두면 스카프가 모두 한눈에 보여 스타일을 선택하기가 한결 쉬워진다.

THE LOOKS

★ THE BANDIT ★

밴디트 스타일

재주가 많고 활동적인 여성이라면 서부극에 나올 법한 무법자 스타일로 스카프를 매보자.

여기에 록 밴드의 이름이 새겨진 빈티지 티셔츠를 받쳐 입으면 더욱 근사해 보인다.

 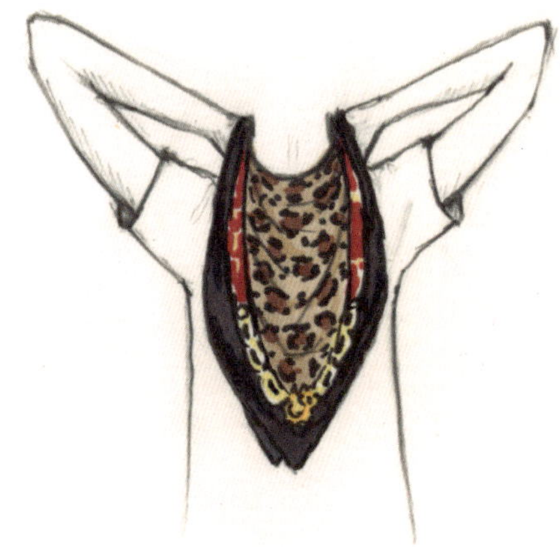

1 정사각형 스카프를 대각선 방향으로 반 접어 삼각형으로 만든다. 그런 다음 반으로 접힌 양쪽 모서리를 각각 손에 쥐고 목 뒤쪽에서 모은다.

2 함께 모은 두 모서리를 목 뒤쪽에서 묶어 마무리한다.

THE LOOP

루프 스타일

긴 직사각형 스카프로 매기 좋은 연출법이다.

전혀 복잡하지도, 어렵지도 않은 초간단 스타일!

1 긴 스카프를 길이가 반이 되도록 접은 다음 목에 둘러 걸친다.

2 반으로 접어 만들어진 고리 사이로 손을 넣어 스카프의 겹쳐진 양 끝자락을 잡는다.

3 손에 쥔 양 끝자락을 고리를 통해 빼낸다.

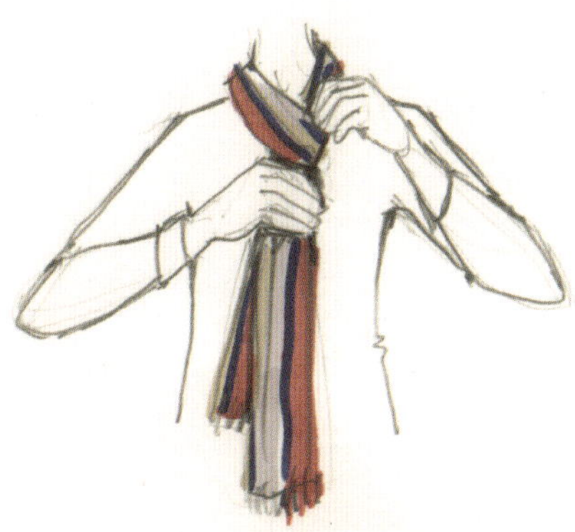

4 목 아래쪽에서 스카프를 잡아당겨 조이면서 마무리한다.

3

~ The Rosette ~

로제트 스타일

장밋빛 볼을 가진 수줍음 많은 아가씨에게 어울릴 듯한 꽃 모양의 매듭이다.

목깃에 핀 장미가 너무 아름다워 길 가던 사람들이 발길을 멈추고 바라볼지도 모른다.

1 가늘고 긴 스카프를 목에 두르고 스카프 양 끝자락의 길이가 같도록 앞쪽으로 늘어 뜨린다.

2 목에서 가까운 곳부터 스카프 양 끝자락 을 함께 꼬아준다. 아래쪽 끝에서 몇 인치 정 도 남을 때까지 계속한다.

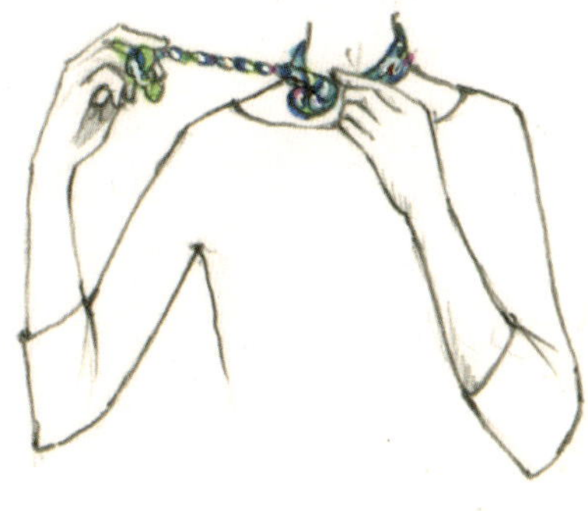

3 꼬인 끝자락을 목 옆쪽에서 쪽을 짓듯이 동그랗게 감아올린다.

4 감아놓은 부분 아래쪽으로 스카프 끝자락 을 집어넣은 뒤에 살살 벌려 빼면서 꽃잎처 럼 모양을 잡아준다.

4

• THE PARIS •

파리 스타일

사랑스러운 파리지엔들에게는 딱히 꼬집어 말할 수 없는 매력이 넘친다.

그 비결은 무엇일까? 바로 능숙한 솜씨로 스카프를 우아하게 연출하는 것이다.

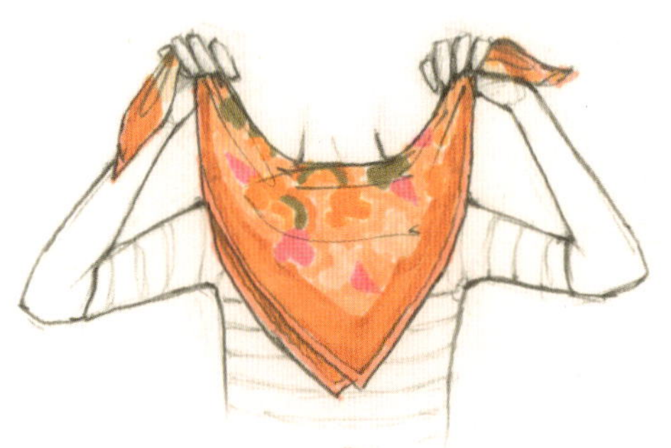  

1 정사각형 스카프를 대각선 방향으로 반 접어 삼각형으로 만든다.

2 스카프는 몸 앞쪽에 두고, 접힌 양쪽 모서리를 목 뒤쪽에서 한 번 엇갈리게 하면서 앞으로 가져와 목에 두른다.

3 앞으로 가져온 양쪽 모서리를 스카프 위에서 묶어 마무리한다.

THE MINNIE MOUSE

미니마우스 스타일

크고 풍성하게 늘어진 리본만큼 매력적인 장식은 드물다.

모두가 좋아하는 사랑스러운 미니마우스를 떠올려보면 금방 고개가 끄덕여질 것이다.

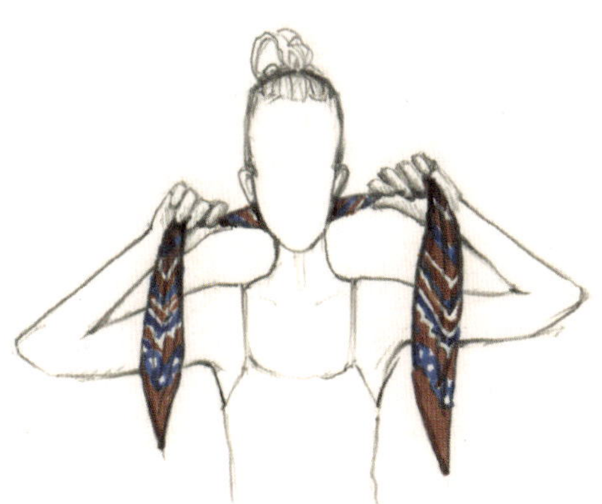

1 긴 스카프를 머리 뒤쪽으로 가져가 헤어 라인에 맞춘다.

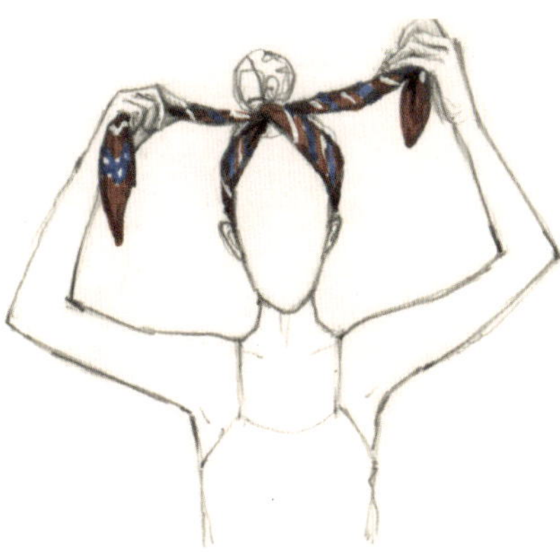

2 양 끝자락을 앞으로 가져와 이마 위쪽에 서 한 번 묶는다.

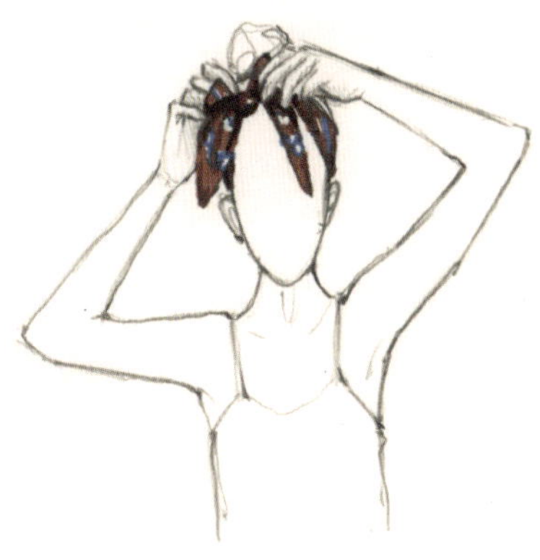

3 양 끝자락을 다시 리본 모양으로 묶는다.

4 리본 모양을 확인하면서 잘 다듬어 마무 리한다.

6

· The SQUARE ·

스퀘어 스타일

간단하지만 고루해 보이지 않는 세련된 스타일이다.

이런 단순한 스타일은 스카프 자체의 색상과 무늬를 더욱 돋보이게 해준다.

1 긴 스카프를 목에 둘러 스카프 양끝 길이
가 같도록 앞쪽으로 늘어뜨린다.

2 목 아래쪽의 편안한 위치에서 스카프 양
끝자락을 모아 한 번 묶는다.

3 같은 방향으로 한 번 더 묶어서 마무리
한다.

─ THE ASCOT ─

애스컷* 스타일

* 스카프 모양의 폭넓은 넥타이, 애스컷 타이ASCOT TIE.

20세기 초반에 유행했던 말쑥한 멋쟁이 스타일에서 영감을 얻은 연출법이다.
스카프가 가슴 한복판에 멋지게 자리 잡아 한층 도드라져 보인다.

1 긴 스카프를 목에 한 바퀴 두른다. 이때 한 쪽 끝자락이 다른 쪽보다 약간 길게 내려오 도록 한다.

2 긴 자락을 짧은 자락 위로 엇갈리게 올 려놓는다.

3 짧은 자락을 감싸듯이 하며 긴 자락을 아 래로 가져간 다음, 목에 두른 스카프 고리를 통해 빼낸다.

4 빼낸 스카프 자락의 위쪽을 풍성하게 살 리면서 아래쪽도 보기 좋게 늘어지도록 잘 다듬어 마무리한다.

8

THE DRAPE

드레이프 스타일

이 스타일은 재킷과 스카프를 잘 선택해야 한다.

모서리가 날렵한 깃이 달린 재킷을 골라서 사랑스럽게 늘어지는 스카프와 대조를 이루도록 하면 좋다.

1 먼저 상의의 깃을 세워놓는다. 그리고 긴 스카프를 목에 둘러 양 끝자락이 앞쪽에서 같은 길이로 내려오게 한다.

2 스카프 위로 상의 깃을 다시 눕힌다. 마지막으로 스카프가 보기 좋게 늘어지도록 매만져준다.

··· The Professor ···

프로페서 스타일

셔츠 깃을 감싸는 스타일로 A+ 평가를 받아보자.

빳빳한 버튼다운 셔츠를 입고 이렇게 스카프를 매면 정교수 임용도 문제없을 것 같은 느낌이다.

1 작은 정사각형 스카프를 대각선 방향으로 반 접어서 삼각형으로 만든다. 그런 다음, 긴 가장 자리부터 1인치 폭으로 접어나가며 직사각형으로 만든다. 이제 버튼다운 셔츠의 깃을 세우고 접어놓은 스카프를 목에 두른다.

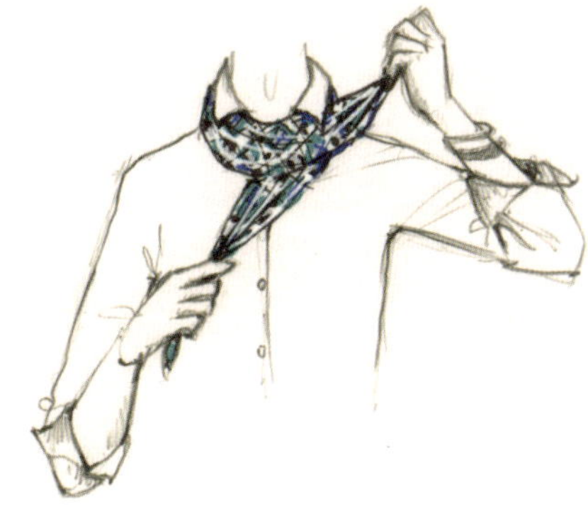

2 스카프로 목을 감싼다.

3 스카프 끝자락을 안쪽으로 접어 넣어 고정한다.

4 셔츠 깃을 다시 접어서 스카프 위로 내린다.

→ THE CLUTCH ←

클러치 스타일

우리는 모두 세상에 단 하나밖에 없는 사람이다. 우리가 들고 다니는 클러치도 그러지 말란 법은 없지 않을까?

가장 좋아하는 클러치에 스카프를 감싸서 독창적인 클러치를 만들어보자.

 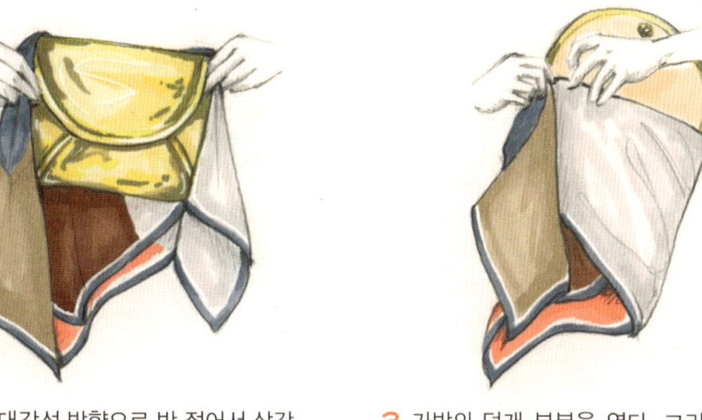

1 서로 잘 어울리는 클러치 형태의 가방과 정사각형 스카프를 고른다. (스웨이드 가방에 꽃무늬 실크 스카프는 어떨까? 아니면 뱀가죽 클러치에 동물무늬 스카프는?)

2 스카프를 대각선 방향으로 반 접어서 삼각형으로 만든다. 가방 뒤쪽으로 스카프를 가져가 삼각형의 긴 가장자리를 가방 위쪽 가장자리 선에 맞춘다. 이때 삼각형의 꼭짓점이 가방 아래쪽을 향한다.

3 가방의 덮개 부분을 연다. 그리고 스카프의 한쪽 모서리를 앞으로 가져와서 가방 입구로 접어 넣는다.

4 스카프의 맞은편 모서리도 가방 앞으로 가져와서 입구로 접어 넣는다.

5 스카프의 아래쪽 모서리(꼭짓점 부분)를 봉투모양으로 접어 올려 입구로 넣는다.

6 가방을 감싼 스카프 위로 다시 덮개를 닫는다.

✳ THE NECKLACE ✳

네크리스 스타일

화장대에 넣어둔 개성 있는 목걸이에서 영감을 얻어 보자.

스카프 한 장으로 값진 보석만큼이나 섬세한 스타일을 연출해 눈길을 사로잡을 수 있다.

1 길고 폭이 좁은 스카프를 목에 둘러 양 끝자락이 앞쪽에서 같은 길이로 내려오도록 한다.

2 아래쪽에서 양 끝자락을 한 번 묶는다. 이렇게 묶어서 만들어지는 고리의 길이는 목걸이를 늘어뜨렸을 때 보기 좋은 정도에 맞추어 정한다.

3 묶은 매듭 아래로 내려온 스카프 한쪽 끝자락으로 방금 만들어진 고리를 감싸며 꼬임을 만들면서 목 뒤쪽을 향해 진행한다.

4 한쪽 자락을 완전히 꼬았으면, 끝부분을 목 근처에서 묶어 매듭을 짓는다.

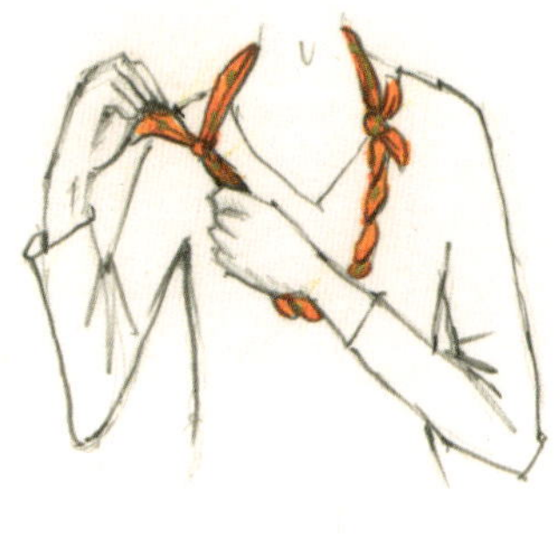

5 반대쪽도 같은 방법으로 꼬아 묶는다.

∞ The Chain Link ∞

체인 링크 스타일

팔찌 여러 개를 한꺼번에 차면 시선을 집중시킬 수 있는 것처럼,
사슬이 많을수록 더 근사해 보이는 스카프 스타일로 모두의 시선을 모아 보자!

1 길고 폭이 좁은 스카프를 목에 둘러 양 끝자락이 앞쪽에서 같은 길이로 내려오게 한다.

2 양 끝자락을 한 번 묶는다. 이때 목과 묶은 매듭 사이에 간격을 남겨두어야 한다.

3 방금 묶은 매듭에서 조금 간격을 두고 같은 방향으로 매듭을 한두 번 더 묶어 사슬 고리 모양을 만든다. 이 방법을 스카프 끝 부분에 가까워질 때까지 반복한다. 마지막으로 스카프 끝에서 매듭을 짓고 마무리하면 된다.

— The Easy Breezy —

이지 브리지 스타일

어깨끈이 없는 칵테일 드레스를 입는다면 이렇게 스카프를 둘러보자.

애써 꾸미지 않은 듯한 자연스러운 모습에 모두 반해버릴 것이다.

1 큰 스카프나 파시미나를 목에 두르고 어깨
위에서 펼친다.

2 스카프의 한쪽 끝자락을 반대쪽 어깨에
올려 마무리한다.

- THE TOP DOWN -

톱 다운 스타일

고전적인 두건 스타일로 눈꼬리가 올라간 캣 아이 선글라스를 함께 쓰면

오픈카를 타고 달리는 고전 영화의 주인공이 된 듯한 느낌이다.

1 큰 정사각형 실크 스카프를 대각선 방향으로 반 접어서 삼각형으로 만든다.

2 스카프로 머리 위를 덮으면서 삼각형의 긴 가장자리를 이마에 맞춘다. 이때 삼각형의 꼭짓점은 목 뒤쪽에서 아래를 향한다.

3 스카프의 양 끝자락을 앞쪽으로 가져와 턱 아래에서 교차시킨다.

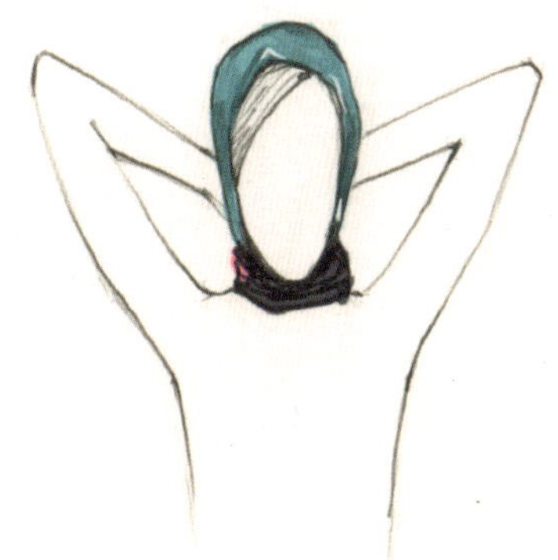

4 교차시킨 양 끝자락으로 목을 감싼다.

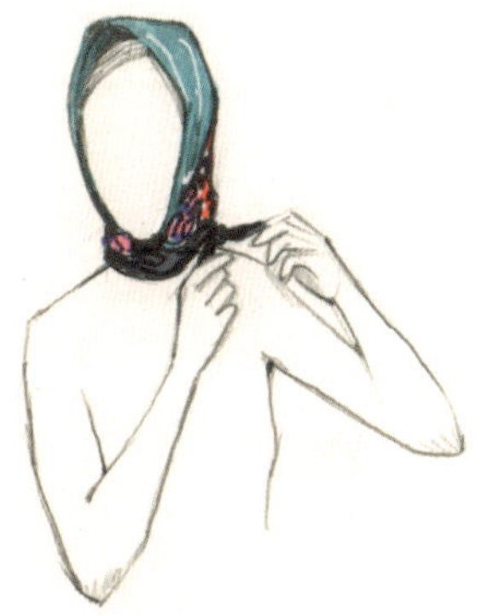

5 남은 끝자락을 좌측 또는 우측에서 매듭지어 마무리한다.

15

→ THE BOY SCOUT ←

보이스카우트 스타일

보이스카우트처럼 활동적이고 건전한 느낌을 주는 스타일. 산뜻한 중간색 옷을 받쳐 입으면

곧바로 모험을 떠나기에 손색없는 차림새가 된다. 스카우트의 명예를 걸고 멋지게 연출해보자!

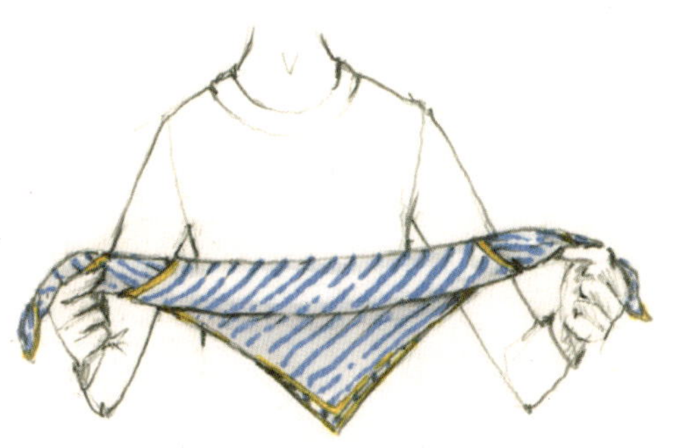

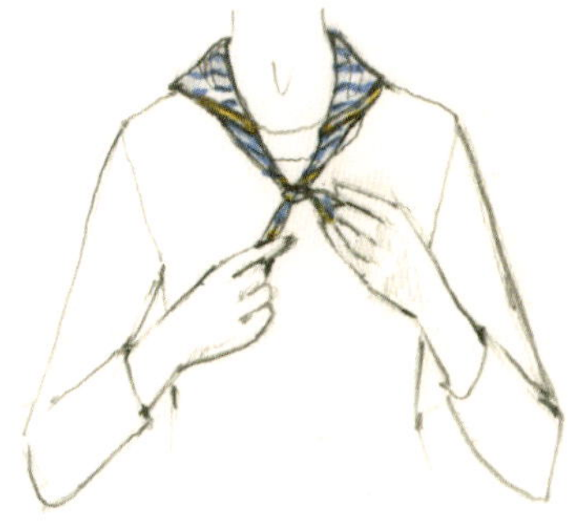

1 작은 정사각형 반다나를 대각선 방향으로 반 접어서 삼각형으로 만든다. 그런 다음 삼각형 의 긴 가장자리를 1인치 간격으로 두 번 접는다.

2 반다나를 목에 두르고 양 끝자락이 앞쪽으 로 나란히 내려오게 한다. 이때 삼각형의 꼭짓 점은 등 쪽에서 아래를 향한다.

3 양 끝자락을 목 아래에서 함께 묶어 마 무리한다.

16

THE NEW YORK

뉴욕 스타일

따뜻하면서도 유행에 뒤쳐지지 않는 빅애플 스타일로 겨울을 이겨보자.

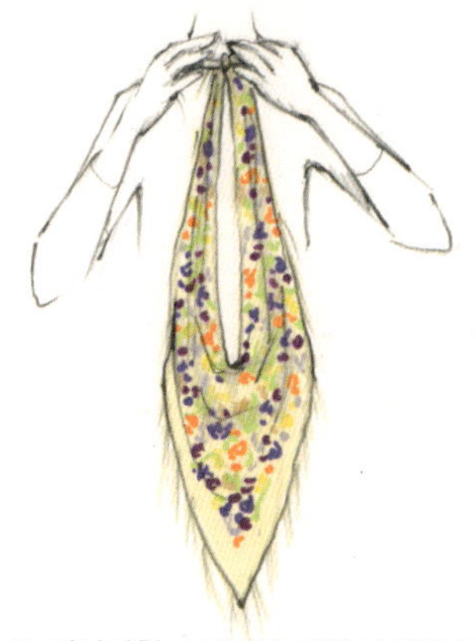

1 큰 정사각형 스카프를 대각선 방향으로 반 접어서 삼각형을 만든 다음, 양쪽 모서리를 함께 묶는다.

2 이렇게 만들어진 스카프 고리에 머리를 넣고 매듭 부분을 느슨하게 잡는다.

3 매듭 부분을 한 번 꼬아서 두 번째 고리를 만든다.

4 두 번째 고리에 머리를 넣는다.

5 매듭은 가슴에 드리운 스카프 자락 아래쪽으로 숨기고, 스카프를 풍성하게 보이도록 매만져 마무리한다.

17

· THE XX ·

크리스크로스 스타일

간단하게 매듭지은 스카프를 머리 위로 쓰고 목에 두르면,

풍성한 깃이 달린 옷을 입은 효과를 낼 수 있다.

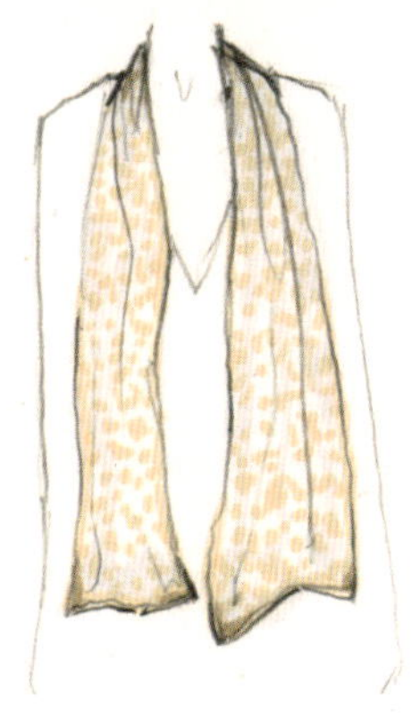

1 직사각형 스카프를 목에 둘러 양 끝자락을
앞쪽에서 같은 길이로 늘어뜨린다.

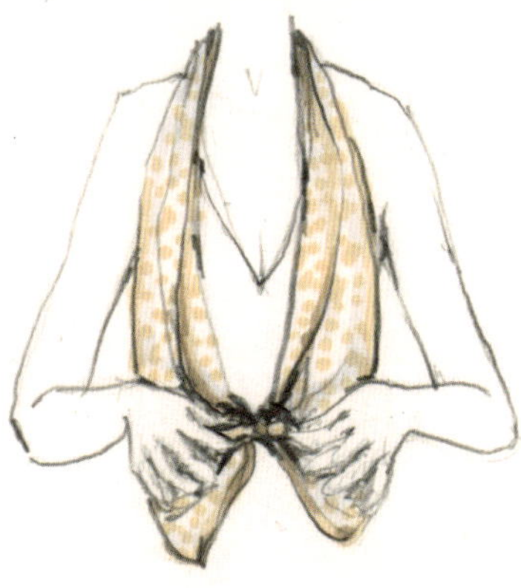

2 몸 안쪽을 향하고 있는 두 모서리를
묶는다.

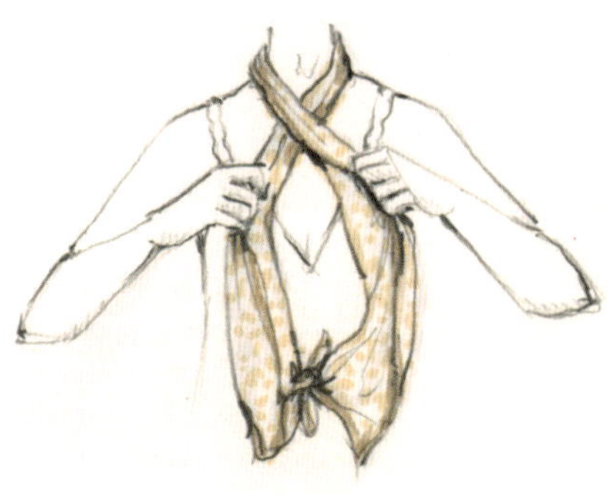

3 묶은 스카프를 한 번 꼬아서 X 모양을
만든다.

4 꼬인 스카프를 머리 위로 들어 올려 X 모
양의 아랫부분 구멍으로 머리를 넣는다.

5 보기 좋게 스카프를 매만져 마무리한다.

✦❈ THE PONYTAIL ❈✦

포니테일 스타일

실크 스카프를 포니테일 머리에 함께 엮어 헤어스타일을 업그레이드해보자.

이 스타일은 머리를 감지 못한 날이나 드라이 샴푸, 스프레이와 같은 제품을 사용한 날에 응용하면 좋다.

1 머리카락을 세 갈래로 나눈다.

2 작은 직사각형이나 정사각형 스카프를 길게 접어서 가운데 머리 가닥에 두른 다음, 스카프 오른쪽 끝을 오른쪽 머리 가닥으로 감싼다. 이때 머리를 땋는 것처럼 스카프와 같이 엮으면 된다.

3 스카프와 함께 머리를 계속 땋아간다.

4 머리를 땋으면서 머리핀을 이용하여 스카프와 머리를 고정한다.

5 헤어스프레이를 뿌려서 머리를 손질하고 마무리한다.

❦ THE BRAID ❦

브레이드 스타일

머리를 땋을 줄 안다면 스카프도 땋을 수 있다.

마음에 드는 긴 스카프를 골라서 정교한 손놀림으로 스카프를 땋아보자.

1 긴 직사각형 스카프를 목에 두르고 양 끝 자락을 가슴 부분에서 한 번 묶는다. 이때 매듭의 위치는 스카프가 목걸이처럼 내려왔을 때 보기 좋은 정도에 맞추면 된다.

2 머리를 세 가닥으로 나누어 땋듯이, 스카프의 세 가닥(양 끝자락과 목에 두른 스카프 고리)을 엇갈아가며 땋기 시작한다.

3 스카프 끝자락을 빼낼 때는 위쪽으로 올리며 당겨서 매듭이 너무 울룩불룩하지 않고 얌전히 땋은 모양이 되도록 한다.

4 계속 땋으며 매듭을 만들어나간다.

5 스카프 끝자락을 위로 당겨 매듭 모양을 다듬어가며 남은 스카프의 끝까지 계속한다.

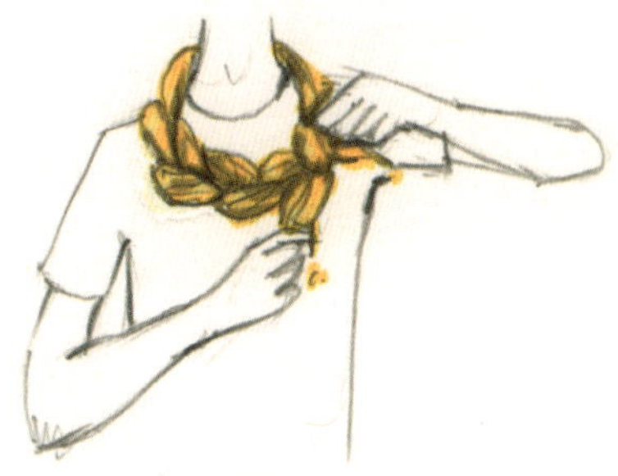

6 마지막으로 양 끝자락을 한 번 묶어서 고정한다.

THE POCKET SQUARE

포켓 스퀘어 스타일

상의 주머니에 손수건 장식을 꽂아서 고전적으로 말쑥하게 차려입은 분위기를 살려보자.

포켓 스퀘어를 접는 여러 방법이 있지만 그 중에서도 가장 빠르고 쉽게 할 수 있는 연출법을 소개한다.

1 새로 다린 손수건이나 작은 정사각형 스카프를 반으로 접어 직사각형으로 만든다.

2 직사각형으로 접은 스카프를 삼등분하여 접는다.

3 접으면서 가장자리를 눌러주어 스카프의 모양이 잘 유지되도록 한다.

4 이번에는 접은 스카프의 아래쪽 가장자리를 위쪽 가장자리에 거의 닿을 정도로 접어 올린다.

5 접어 올린 스카프를 반대 방향으로 돌려서 바깥쪽 테두리가 위를 향하도록 상의 주머니에 넣는다.

6 마지막으로 스카프가 주머니에서 다 나오지 않고 적당히 보이도록 잘 다듬어 마무리한다.

21

► THE TIE ►

타이 스타일

남자들의 넥타이에서 차용한 스카프 연출법이다.

이 방법에는 전통적인 넥타이를 사용해도 좋고, 긴 스카프로 여성적인 분위기를 살려도 어울린다.

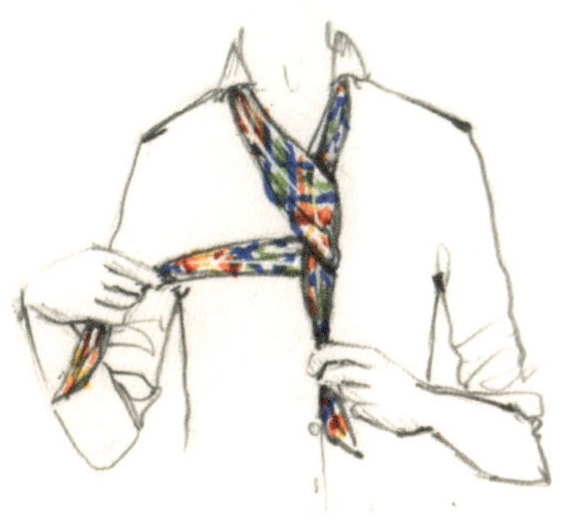

1 긴 스카프를 목에 둘러 한쪽 자락이 다른 쪽 보다 더 길게 내려오도록 늘어뜨린다.

2 긴 자락을 짧은 자락 위로 올려놓는다.

3 긴 자락으로 짧은 자락을 감싸듯이 돌려서 그 아래로 가져온다.

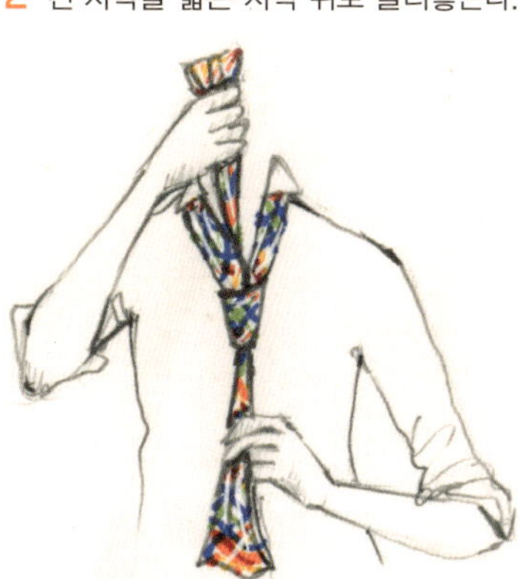

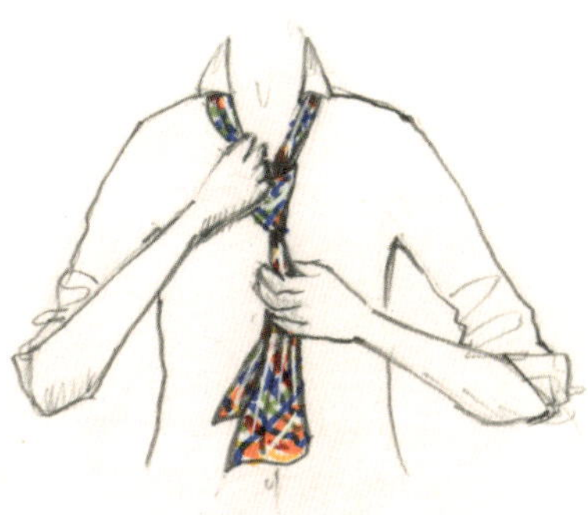

4 긴 자락을 다시 한 번 앞으로 가져와 짧은 자락을 감싼다.

5 긴 자락을 짧은 자락 뒤로 가져와서 목에 두른 고리 안으로 넣었다가 위로 들어 올리며 앞쪽으로 빼낸다.

6 긴 자락을 방금 만들어진 매듭 안으로 넣어서 빼낸다. 이때 좀 더 격식을 차린 분위기를 내려면 매듭을 목 부분까지 올려 조이고, 편안한 느낌을 주려면 매듭을 아래쪽에 남겨둔다.

22

The Cinnamon Bun

시나몬 번 스타일

아침 식사로 먹는 시나몬 번을 본뜬 스타일이다. 뱅글뱅글 돌아가는 시나몬 번의 재미있는 모양을 그대로 살렸지만, 칼로리는 없으니 걱정하지 않아도 된다. 마지막에 실핀으로 스카프를 고정해주면 모양을 흐트러뜨리지 않고 유지할 수 있다.

1 큰 정사각형 스카프를 대각선 방향으로 반 접어서 삼각형을 만든다. 그런 다음 삼각형의 긴 가장자리가 뒷머리 선에 가고 꼭짓점은 이마 앞쪽을 향하도록 맞추어 스카프를 쓴다.

2 양쪽 모서리를 꼭짓점 부분 위로 들어 올려 머리 위쪽에서 묶는다.

3 매듭을 짓고 남은 양 끝자락과 꼭짓점 부분을 함께 꼬아서 줄처럼 만든다.

4 꼰 줄을 돌돌 말아 시나몬 번처럼 모양을 잡는다.

5 줄 끝을 아래로 집어넣고 고정하여 마무리한다.

THE KIMONO

기모노 스타일

일본 전통의상인 기모노에서 느낄 수 있는 우아함을 스카프에 담아보자.
란제리 스타일 의상에 키튼 힐 구두를 신고 저녁 모임에 나갈 때 잘 어울린다.
물론 몸에 꼭 맞게 달라붙는 원피스를 입고 밤늦은 외출을 즐길 때도 제격이다.

1 풍성하게 늘어지는 큰 스카프를 가로로 반 접는다.

2 겹쳐진 양 끝자락의 모서리 부분을 각각 묶어준다.

3 한 팔을 긴 가장자리 쪽 구멍으로 넣었다가 짧은 가장자리 쪽 구멍으로 빼낸다. 스카프를 등 뒤로 두며 다른 쪽 팔도 같은 방법으로 스카프에 넣었다가 빼서 모서리 매듭이 양쪽 어깨 위에 각각 하나씩 오도록 한다.

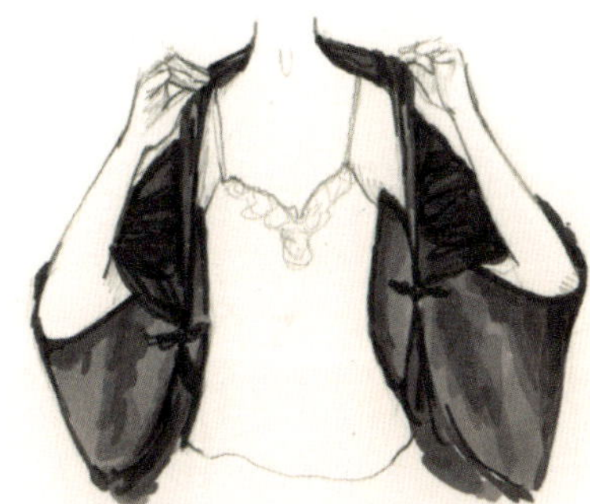

4 이제 매듭을 팔 아래쪽으로 내려서 스카프로 어깨를 덮어준다.

* The Chain Weave *

체인 위브 스타일

코코 샤넬은 자신의 브랜드 대표상품인 퀼티드 백에 최초로 금속 재질의 사슬고리 어깨끈을 매달았다.

샤넬이 남긴 위대한 업적에 우리는 여성스럽고 정교한 손길을 더해보자.

1 금속 사슬고리가 달려 있는 핸드백과 거기에 어울리는 긴 스카프를 고른다.

2 사슬이 시작되는 부분에 스카프를 묶는다.

3 사슬 사이로 스카프를 끼워 엮는다.

4 스카프의 끝까지 계속한다.

5 사슬이 끝나는 부분에 스카프를 묶는다. (스카프가 어깨끈 길이보다 짧을 때는 스카프가 끝나는 곳에서 묶으면 된다.)

✖ THE BAND AND TWIST ✖

밴드 앤드 트위스트 스타일

이 사랑스러운 머리띠는 더운 날이나 힘든 운동을 할 때

얼굴로 흘러내리는 머리카락을 깔끔하게 넘길 수 있는 손쉬운 방법이다.

1 직사각형 스카프를 고른다.

2 이마 가운데의 아래쪽에 스카프를 맞추어 댄다.

3 스카프를 둘러 머리 뒤에서 묶는다.

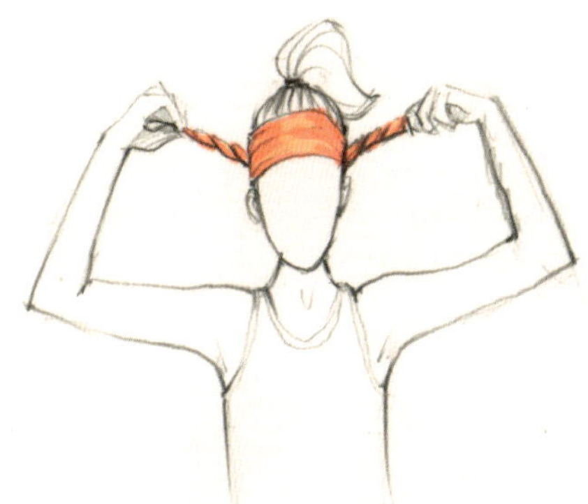

4 스카프 양쪽 자락을 각각 꼬아 끈처럼 만든다.

5 꼰 자락을 이마 앞쪽으로 가져와 묶는다. 묶고 남은 끝부분은 뒤쪽으로 집어넣어 숨기거나, 보이도록 그냥 두어도 좋다.

The Hourglass

아워글래스 스타일

스카프를 이용해 쉽고 빠르게 몸매를 입체적으로 보이도록 해보자.

이 스타일에는 폭이 최소한 1인치 정도 되는 넓은 벨트를 착용하면 좋다.

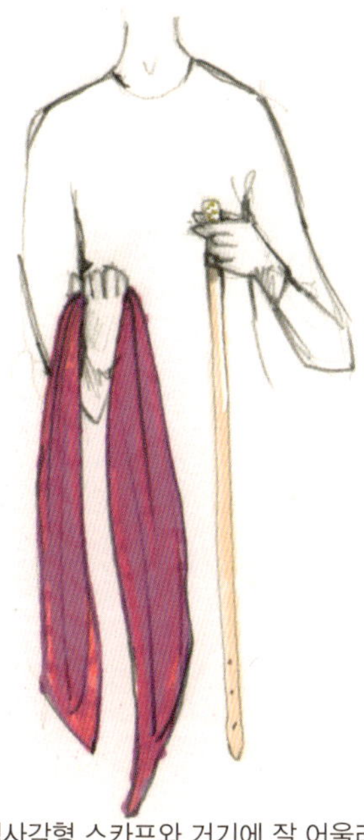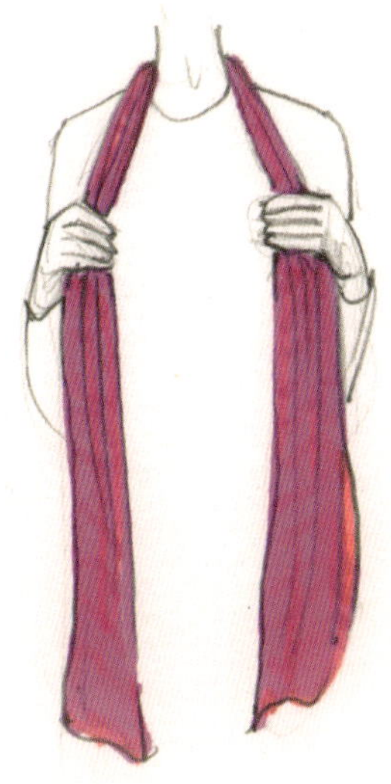

1 긴 직사각형 스카프와 거기에 잘 어울리는 벨트를 선택한다.

2 스카프를 목에 둘러 양 끝자락을 앞쪽에서 같은 길이로 늘어뜨린다.

3 스카프 자락을 평평하게 펼친 다음, 그 위로 벨트를 한다. 이때 벨트는 허리에서 가장 가는 부분에 오도록 한다.

⟨ THE PREP ⟩

프랩 스타일

단정한 옷차림을 한 명문가 출신 젊은이가 어깨에 스웨터를 걸치고 있는 여유로운 모습을 스카프로 재현한 스타일이다.

고전적인 멋을 살린 스카프를 두르고 고급 휴양지에서 진토닉을 마시며 휴가를 보내는 꿈을 꾸어보자.

마법처럼 꿈이 이루어질지도 모른다.

 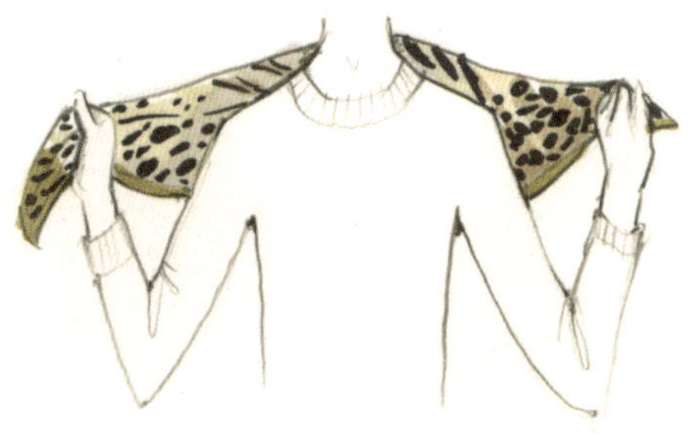 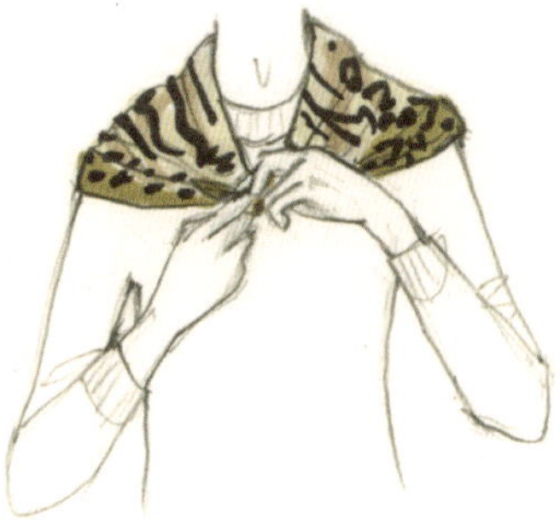

1 큰 정사각형 스카프를 대각선으로 반 접어 삼각형으로 만든다.

2 스카프를 뒤로 두르며 삼각형의 긴 가장자리를 어깨선에 맞추고, 꼭짓점은 등 아래쪽을 향하도록 한다.

3 목 아래쪽에서 양쪽 모서리를 묶어 마무리한다.

28

»THE LAZY GIRL«

레이지 걸 스타일

늦잠을 자서 시간이 없을 때도 마음만 먹으면 잘 차려입은 듯이 보일 수 있다.

이 간단한 스카프 연출법을 이용하면 순식간에 준비를 마치고 멋진 모습으로 외출할 수 있다.

1 긴 스카프를 목에 둘러 한 쪽 끝자락을 더 길게 늘어뜨린다.

2 긴 자락으로 목을 한 번 감싸며 앞으로 가져와, 양 끝자락을 모두 앞에서 늘어뜨린다.

The Frida

프리다 스타일

화가 프리다 칼로는 근사하게 두른 스카프 한 장이 얼마나 큰 효과를 내는지 잘 알고 있었다. 그녀처럼 머리에 스카프를 같이 엮어 땋아보자. 여러분도 강인하면서 아름다운 프리다의 예술적인 분위기를 재현할 수 있다. (여기에 짙은 눈썹까지 더하면 금상첨화!)

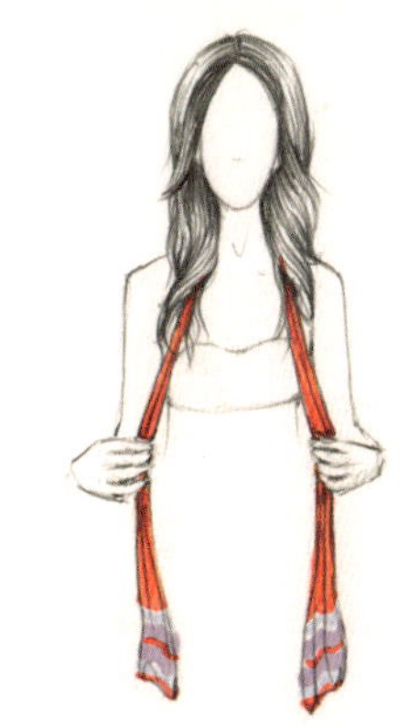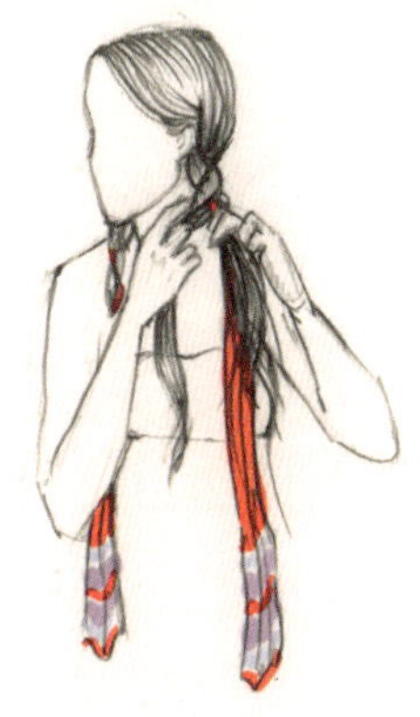

1 긴 스카프를 양 갈래로 나눈 머리카락
아래로 넣어 목에 두른다.

2 머리 한쪽 갈래를 다시 세 가닥으로 나누고
스카프와 함께 땋아나간다. (머리카락이 너무 미
끄러우면 머리끈으로 땋은 머리끝을 고정한다.)

3 다른 쪽 갈래도 같은 방법으로 땋는다.

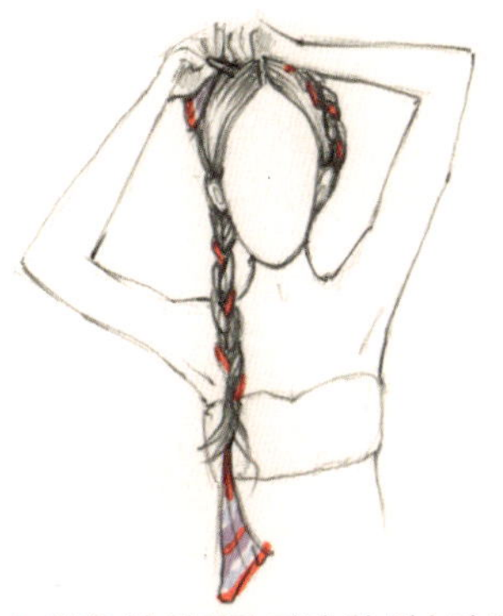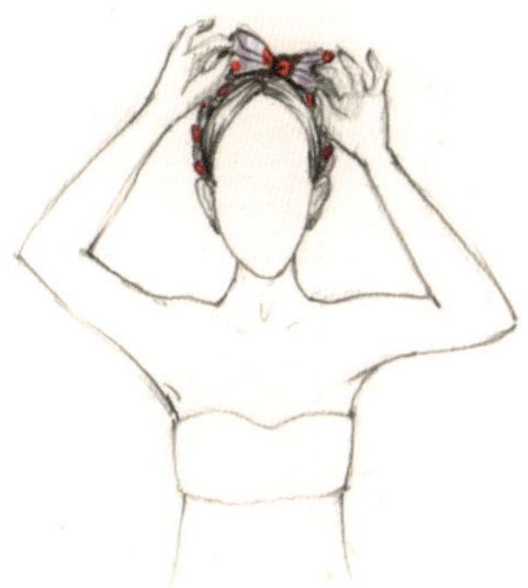

4 땋은 양 갈래를 머리 위 정수리 쪽
으로 올려 핀으로 고정한다.

5 마지막으로 스카프 양 끝자락을 묶고, 남은
자락을 부풀려서 꽃모양처럼 보이게 한다. (여
기에 진짜 꽃 장식을 달아주어도 좋다!)

❀ the knot ❀

노트 스타일

민무늬 단색 스카프나 무늬가 있는 스카프에 모두 잘 어울리는 스타일이다. 믿을 수 없을 정도로 간단하지만, 가벼운 차림이든 한껏 꾸민 차림이든 가리지 않고 옷차림에 입체적인 느낌을 더해주기에 좋은 방법이다.

1 긴 직사각형 스카프를 반 접는다.

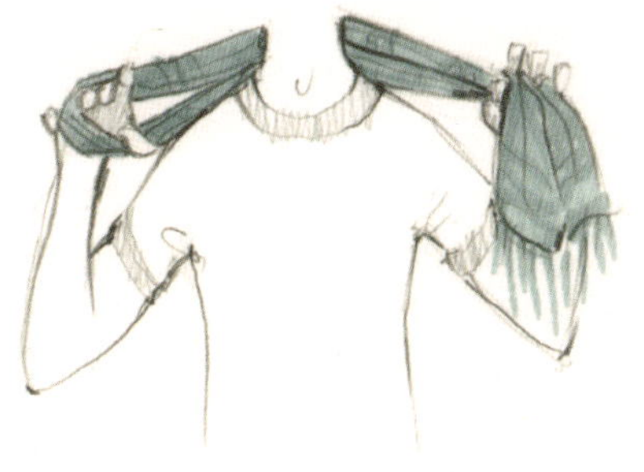

2 스카프를 목에 둘러 한쪽 손으로 접은 부분을 잡고 다른 손으로 겹쳐진 양쪽 끝자락을 잡는다.

3 접은 부분 사이로 손을 넣어 한쪽 끝자락을 잡는다.

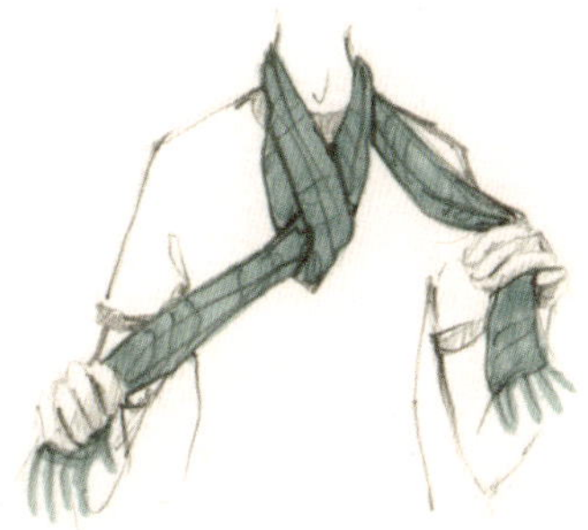

4 잡은 끝자락을 빼낸다.

5 남은 끝자락을 접은 부분 사이로 넣어 빼낸다. 이렇게 하면 끝자락이 반대쪽으로 나오게 되어 매듭을 지은 것처럼 보인다.

31

THE BUSTIER

뷔스티에* 스타일

* 어깨와 팔을 다 드러내는 몸에 딱 붙는 여성용 상의.

마음에 드는 큰 스카프를 섹시한 스타일의 상의로 변신시켜보자.

더운 날씨에 허리선이 높이 올라오는 치마와 함께 입거나, 특별한 차림이 필요한 저녁 시간에 재킷 안에 연출하면 잘 어울린다.

혹시 가슴 사이즈가 A컵보다 더 큰 여성들이라면 끈 없는 브래지어를 착용하는 편이 좋다.

1 큰 스카프를 원하는 폭에 맞추어 접는다.

2 스카프를 가슴에 두르고 양 끝자락을 뒤로 가져간다.

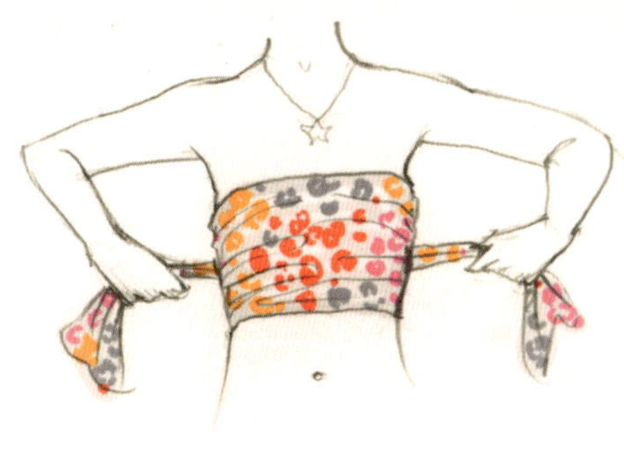

3 양 끝자락을 뒤에서 모아 한 번 묶은 다음, 다시 앞으로 가져간다.

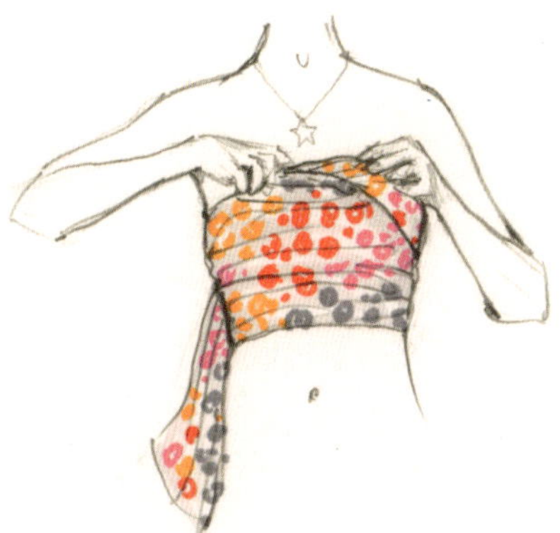

4 한쪽 자락을 스카프 위쪽으로 집어넣어 고정한다.

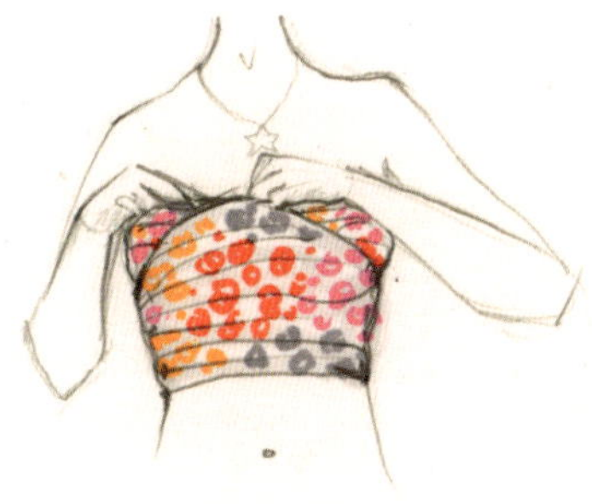

5 나머지 자락도 같은 방법으로 고정한다. 이렇게 양 끝자락을 집어넣으면 드레스처럼 하트형으로 깊이 파인 목선이 만들어진다.

✦ THE PRETTY GIRL ✦

프리티 걸 스타일

목에 달린 리본보다 더 매혹적인 장식품이 있을까?

여기에 카디건을 받쳐 입으면 최고로 여성적인 스타일을 연출할 수 있다.

1 긴 직사각형 스카프를 목에 둘러 양 끝
자락을 같은 길이로 앞쪽에 늘어뜨린다.

2 양 끝자락을 한 번 묶는다. 이때 매듭의 위
치는 리본을 맸을 때 보기 좋은 자리로 정한다.

3 신발 끈을 묶듯이 양 끝자락을 토끼 귀
모양으로 만들어 잡고 리본을 묶는다.

4 리본 모양을 보기 좋게 손질하며 마무
리한다.

33

- THE MATRON -

매트론 스타일

할머니의 스카프를 두른다고 무조건 나이 들어 보이는 것은 아니다.
손쉽게 걸친 스카프에 마음에 드는 브로치를 골라 달기만 해도,
당당한 동시대 여성의 아우라를 보여주기에는 손색이 없다.

1 맵시 있게 늘어뜨릴 수 있는 큰 정사각형 실크 스카프를 고른다.

2 스카프를 어깨 위에 걸치면서 양쪽 모서리가 각각 어깨 앞쪽에서 아래를 향해 내려오게 한다.

3 어깨 앞쪽에 걸쳐진 모서리 부분을 서로 겹친 다음, 목 아래쪽에서 브로치로 고정한다.

✱ The LOVE Knot ✱

러브 노트 스타일

이렇게 스카프로 매듭을 지어 머리띠처럼 만들면 가볍고 편안한 분위기를 살릴 수 있다.

비키니를 입고 해변에 갈 때나 단순한 상의를 걸치고 링 귀걸이를 달았을 때 연출하면 잘 어울린다.

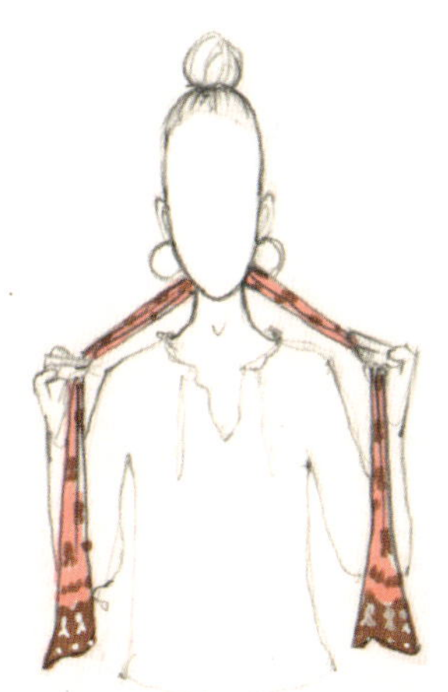

1 긴 직사각형 스카프를 뒷머리 아래에 두른다.

2 양 끝자락을 앞으로 가져와 머리 위에서 한 번 묶는다.

3 양 끝자락의 방향을 바꾸어 다시 뒷머리 아래로 가져간다. 양 끝자락을 묶어 마무리한다.

35

∞ THE INFINITY ∞

인피니티 스타일

스카프를 묶어서 만든 고리를 목걸이처럼 두르는 단순한 방법이다.

하지만 이 한 가지 연출법에 무한한 가능성이 숨어 있어서 얼마든지 다양한 스타일로 응용할 수 있다.

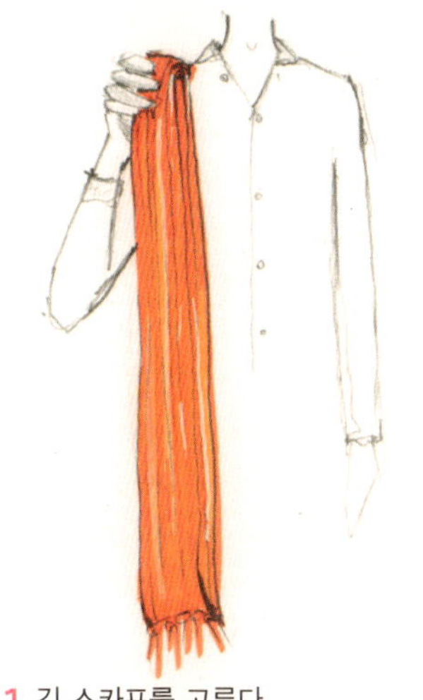

1 긴 스카프를 고른다.

2 양 끝자락을 튼튼하게 묶는다.

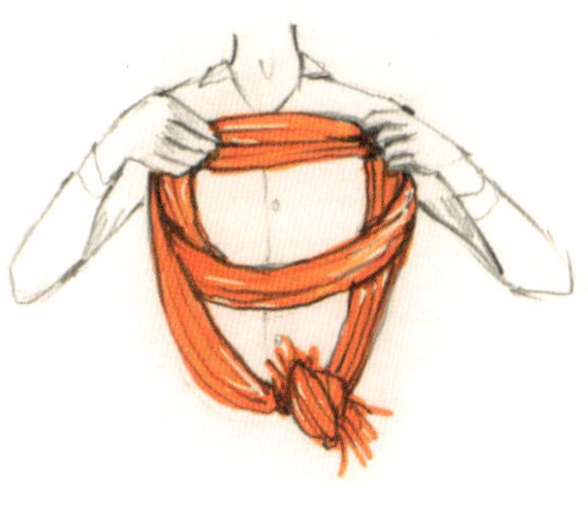

3 묶은 스카프를 한 번 꼬아서 고리를
두 개 만든다.

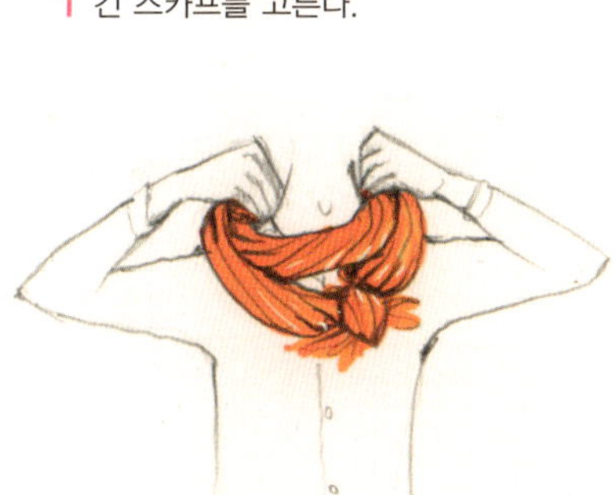

4 두 고리를 한 번에 머리에 쓰고, 목둘레
에 보기 좋게 자리 잡아 준다.

36

= THE KNOTTED BIB =

노티드 빕 스타일

밴디트 스타일(p.18)을 세련되게 재해석한 방법이다.

이 스타일은 비밀스럽게 감춰진 매듭 덕분에 만들어진 주름이 매력 포인트이다.

1 정사각형 실크 스카프를 골라서 안쪽이 밖으로 나오게 뒤집어 놓는다.

2 스카프의 한쪽 모서리에 가깝게 매듭을 한 번 지어 삼각형으로 만든다.

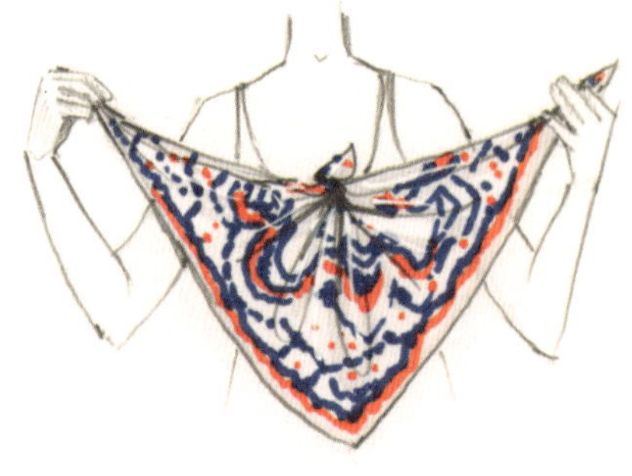

3 스카프의 겉면이 보이도록 다시 뒤집은 다음, 마주보는 양쪽 모서리를 손으로 잡는다.

4 스카프 뒤쪽에 매듭을 숨겨 넣고 목 아래쪽에 맞추어 돌려놓는다. 그리고 양쪽 모서리를 목 뒤에서 단단히 묶는다.

5 스카프를 보기 좋게 손질하고 마무리한다.

37

THE NINJA

닌자 스타일

닌자라고 해서 꼭 머리부터 발끝까지 검은색으로 빼입을 필요는 없다.

가장 좋아하는 스카프를 간단하게 이마에 둘러 묶기만 해도, 어딜 가든지 독특한 스타일에 대한 찬사를 들을 수 있다.

1 작은 직사각형 스카프나 대각선 방향으로
길게 접은 작은 정사각형 스카프를 준비한다.

2 스카프를 이마에 대고 양 끝자락을 머리
뒤로 가져간다.

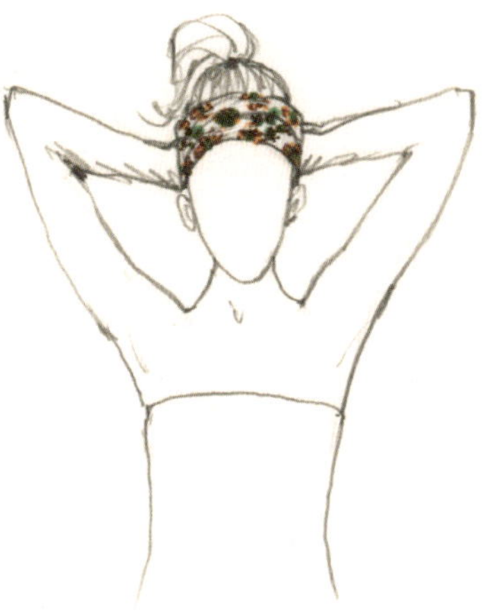

3 머리 뒤쪽에서 양 끝자락을 한 번 묶어
서 마무리한다.

38

~ THE SCULLERY MAID ~

스컬러리 메이드 스타일

이마 한쪽으로 치우치게 매듭을 묶은 발랄한 모습을 보면 어떤 사람이 떠오를까?

열심히 일하는 여성이 생각날 수도 있고, 최고의 인기를 누렸던 래퍼 투팍TUPAC의 모습이 떠오를 수도 있다.

그렇다고 대걸레를 들 필요도, 라임을 맞춰 랩을 할 필요도 없으니 안심해도 좋다.

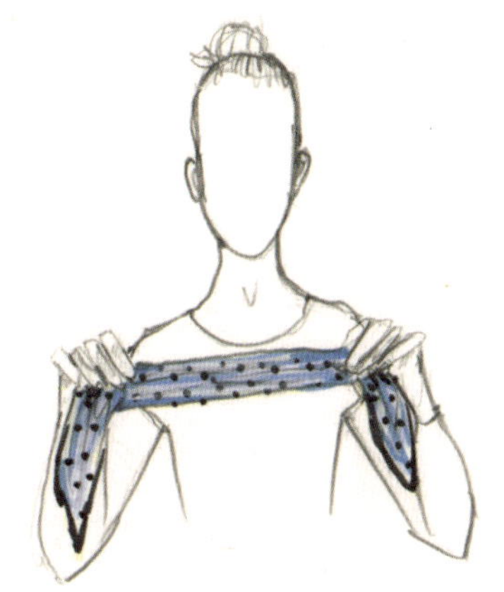

1 작은 직사각형 스카프나 대각선으로 길게 접은 작은 정사각형 스카프를 준비한다.

2 스카프를 뒷머리 선에 맞추어 두르고 양 끝자락은 앞으로 가져온다.

3 경쾌한 느낌이 나도록 양 끝자락을 머리 앞쪽에서 약간 한쪽으로 치우친 자리에서 묶는다.

39

The Fan

팬 스타일

오래전 스페인에서는 젊은 여성들이 부채를 이용해 자신에게 구애를 하는 남성에게
비밀스럽게 메시지를 전하곤 했다. 부채에 감춰진 메시지는 무엇이었을까?
스카프로 연출한 화려한 부채는 감출 수 없는 당신의 멋진 스타일을 확실히 전달해줄 것이다.

1 큰 직사각형 스카프를 목에 둘러 한쪽 끝자락이 다른 쪽보다 훨씬 짧게 내려오도록 앞쪽에 늘어뜨린다.

2 짧은 끝자락으로 느슨하게 매듭을 짓는다.

3 긴 끝자락 아랫부분부터 아코디언 주름을 잡아서 짧은 끝자락과 같은 길이가 될 때까지 접는다.

4 매듭에 가까운 쪽에서 주름의 가장자리를 한 손으로 모아 쥔다.

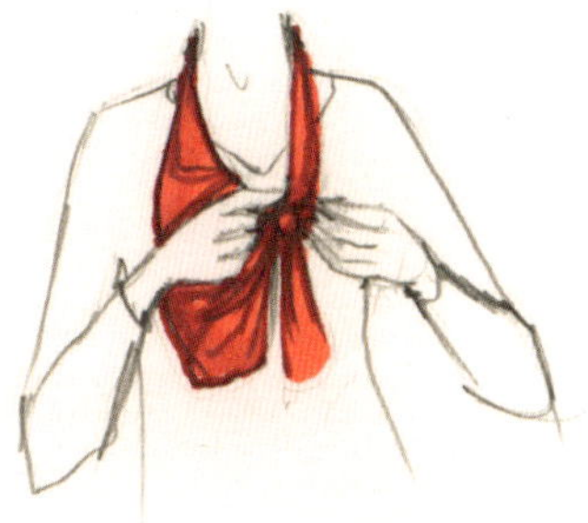

5 쥐고 있는 부분을 매듭 사이로 넣어 뺀다.

6 마지막으로 길이를 조절하고 매듭을 단단하게 조인다.

40

The Cummerbund

커머번드* 스타일

* 턱시도 등 남성 정장 상의 안에 매는 비단 띠.

전통적인 커머번드는 턱시도와 나비넥타이와 함께 착용한다. 격식을 갖춰 차려입은 신사처럼 허리에 스카프를 둘러보자.

턱시도 셔츠와 홑여밈 재킷까지 함께 받쳐 입으면 전통적인 멋을 살릴 수 있고,

칵테일 드레스 위에 두르면 더욱 여성스러운 분위기를 낼 수 있다.

1 긴 직사각형 스카프를 고른다.

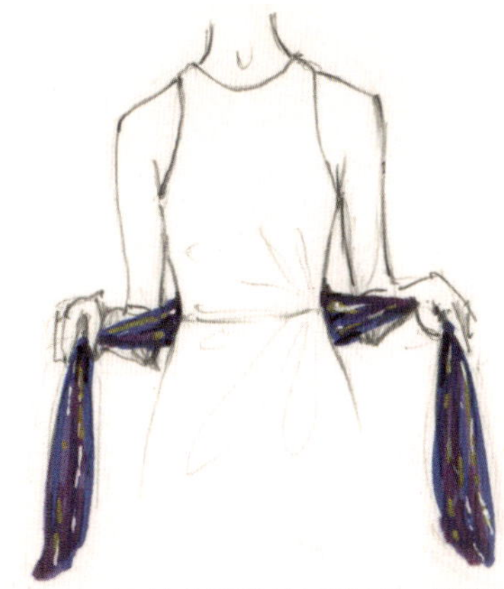

2 스카프를 허리에서 가장 가는 부위에
맞추어 뒤쪽에 두른다.

3 양 끝자락을 앞쪽으로 가져와서 한 번
엇갈리게 한다.

4 양 끝자락을 다시 뒤쪽으로 가져
가서 묶어 마무리한다.

41

THE AUDREY

오드리 스타일

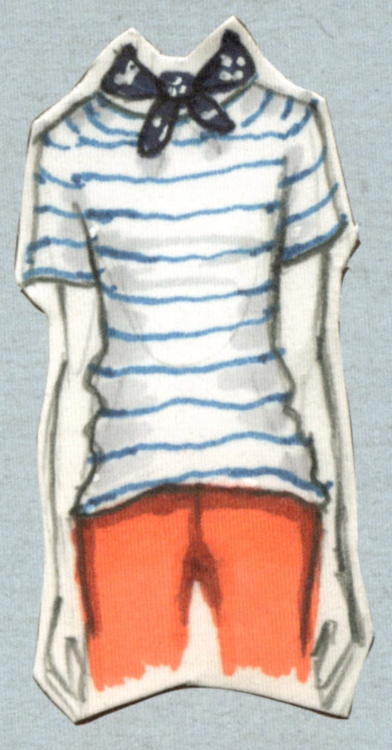

역사상 가장 스타일리시한 여성 오드리 헵번에게서 영감을 얻어 보자. 〈로마의 휴일〉의 헵번처럼

사랑스러운 셔츠를 입고 굽이 낮은 구두까지 함께 신으면 발랄하면서도 자신감 넘치고 기품 있는 분위기를 연출할 수 있다.

1 작은 직사각형 스카프나 직사각형 모양으로 접은 정사각형 스카프를 이용한다.

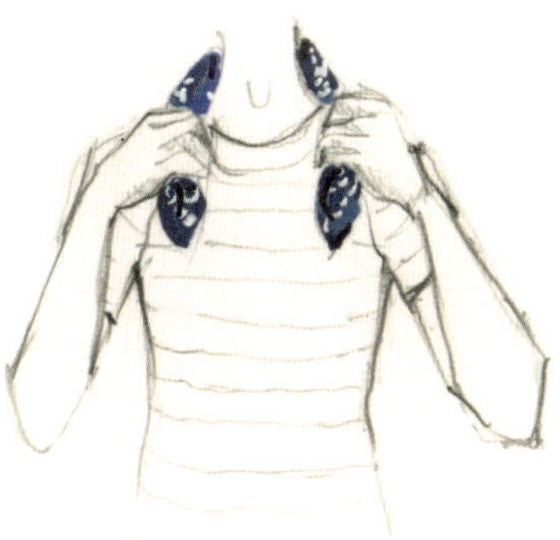

2 스카프를 목 뒤에 둘러 양 끝자락을 앞쪽으로 가져온다.

3 목 아래쪽에서 묶어 마무리한다.

42

The Jackie

재키 스타일

가장 맵시 있는 영부인으로 꼽히는 재클린 케네디가 카프리섬을 돌아다닐 때 자주 썼던 고전적인 스타일의 두건.

더욱 멋스러운 모습을 연출하고 싶다면 그녀의 꾸미지 않은 듯 자연스러운 모습에서 힌트를 얻어 보자.

검정색 티셔츠와 화이트진, 가죽 샌들과 함께 하면 비슷한 분위기를 낼 수 있을 것이다.

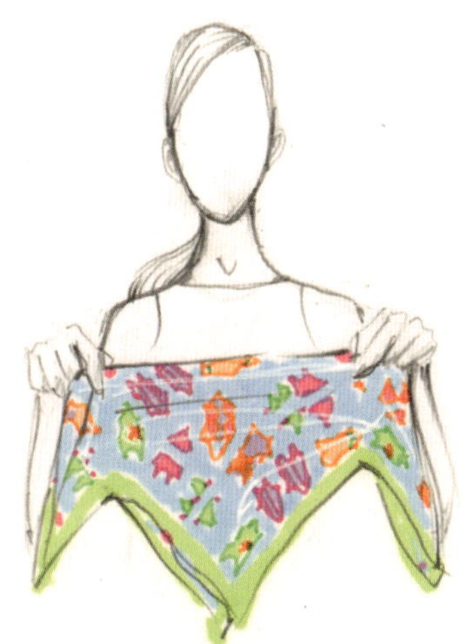

1 정사각형 스카프를 대각선 방향으로 반 접어서 삼각형으로 만든다.

2 삼각형의 긴 가장자리를 이마 아래쪽에 맞추어 댄다.

3 양쪽 모서리를 머리 뒤쪽으로 가져간다. 그리고 삼각형 꼭짓점 위쪽으로 매듭을 단단히 묶어 마무리한다.

the montreal

몬트리올 스타일

온도계가 영하를 가리키는 추운 날씨에도 불구하고 꼭 외출을 해야 한다면, 강인한 프랑스계 캐나다인들이 쓰는 방법을 배워보자.
(스카프 두 장을 이용하기도 한다.) 포근한 카디건과 따뜻한 파카 아래에 이렇게 스카프를 매면 추위에도 끄떡없을 것이다.

1 큰 정사각형 스카프를 긴 직사각형 모양으로 느슨하게 접는다.

2 스카프 한쪽 끝자락을 가슴 위에 펼쳐서 잡고, 다른 쪽 자락은 목에 둘러준다.

3 스카프를 목에 두 번 감아준다.

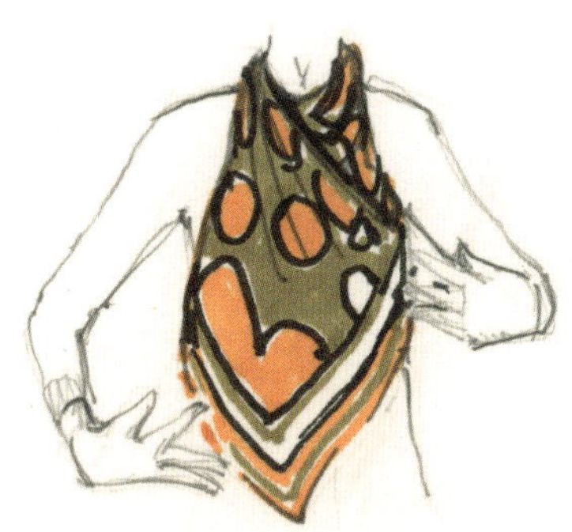

4 잡고 있던 끝자락 위에 다른 쪽 자락을 올리고 가슴에 평평하게 펼친다.

5 스카프 위로 옷을 여러 벌 겹쳐 입는다.

44

THE WEIGHT

웨이트 스타일

좋아하는 스카프라고 해서 모든 계절에 항상 쓰기는 힘들다.

하지만 이 방법을 이용하면 가벼운 여름용 스카프에 무게감을 주어 쌀쌀한 날씨에도 어색하지 않게 쓸 수 있다.

매듭 몇 번으로 어떤 스카프든 일 년 내내 쓸 수 있는 마법이 완성된다.

1 긴 직사각형 스카프를 목에 둘러 양끝 자락을 앞쪽에서 같은 길이로 늘어뜨린다.

2 목과 스카프 끝의 중간 정도 되는 위치에서 한쪽 자락에 매듭을 묶는다.

3 나머지 자락도 같은 방법으로 묶는다.

4 매듭을 보기 좋게 다듬어 마무리한다.

~ THE HANDLE ~

핸들 스타일

이번에는 가방이 내가 좋아하는 스카프를 돋보이게 해주는 액세서리라고 생각해보자.

매일 같은 가방을 들고 다니더라도 때때로 스카프만 바꾸어주면 전혀 다른 모습을 연출할 수 있다.

1 가방에 잘 어울리는 정사각형 실크 스카
프를 고른다.

2 가방 손잡이 한쪽에 스카프를 묶어주면 완성!

46

- THE CHOKER -

초커 스타일

볼수록 묘한 매력이 있는 스타일이다. 초커 목걸이를 한 것처럼 당신의 사랑스러운 목을 강조해준다.

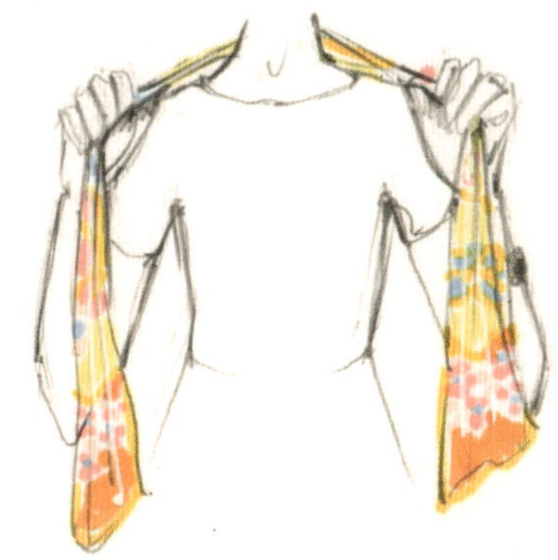

1 긴 직사각형 스카프를 목에 둘러 양 끝자락을 앞쪽에서 같은 길이로 늘어뜨린다.

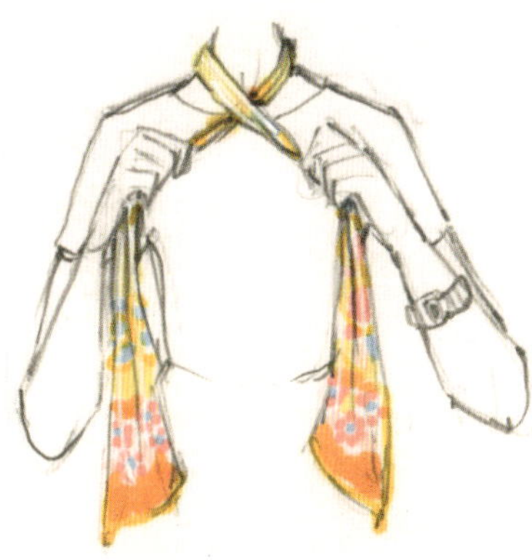

2 양 끝자락을 목 아래쪽에서 한 번 엇갈려준다.

3 양 끝자락이 원래 있던 방향으로 되돌아가도록 한 번 더 엇갈려서 목 뒤쪽으로 가져간다.

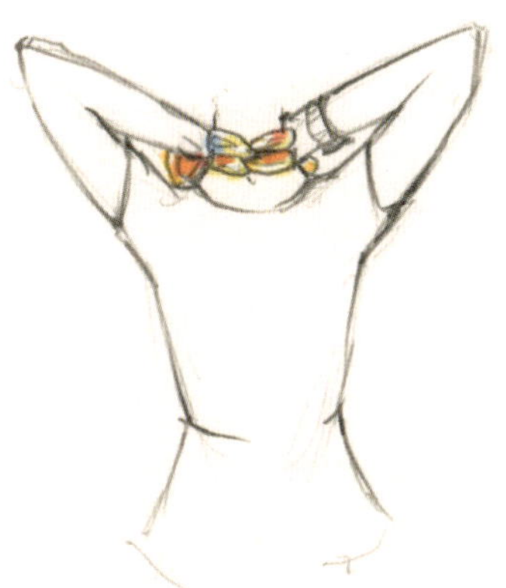

4 목 뒤에서 매듭을 짓거나 리본을 묶어 마무리한다.

{ the bunny ears }

버니 이어 스타일

편안한 차림에도, 한껏 멋을 부렸을 때도 잘 어울리는 세련된 스타일이다.

스카프 한 장으로 어느 파티에 가도 손색없는 모습으로 변신할 수 있다.

1 긴 직사각형 스카프를 고른다.

2 스카프를 목에 둘러 한쪽 자락을 다른 자락보다 훨씬 길게 늘어뜨린다.

3 긴 자락으로 목을 두 번 감는다.

4 긴 자락과 짧은 자락을 묶는다. 묶은 매듭은 목을 감싼 고리 안쪽으로 넣어 숨기고, 두 끝자락은 아래로 늘어뜨린다.

48

· The Babushka ·

바부슈카* 스타일

* 전통적으로 러시아 여자들이 머리에 쓰는 스카프.

우리는 구대륙에서 많은 것을 배웠다. 이 자연스러운 머릿수건 연출법도 예외는 아니다.

비 오는 날 머리를 보호하기에 적합한 스타일로, 고전적인 트렌치코트를 입으면 더 극적인 효과를 거둘 수 있다.

  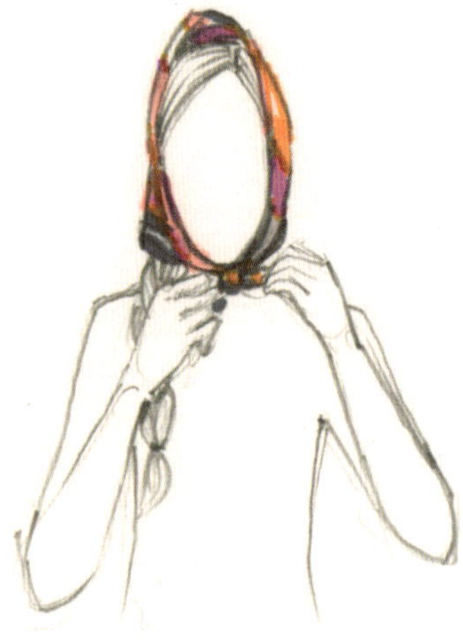

1 작은 정사각형 스카프를 대각선으로 반 접어서 삼각형으로 만든다.

2 스카프를 머리 위에 쓰면서 삼각형의 긴 가장자리를 이마 위쪽 헤어라인에 맞춘다.

3 턱 아래쪽에서 양쪽 모서리를 묶는다.

49

❦ THE PEASANT ❦

페젼트 스타일

허리선이 높은 치마나 A라인 치마 위에 스카프를 덧씌워 옷차림에 질감과 색감, 선명함을 더해보자.

시골처녀라고 해서 꼭 촌스러운 스타일이라는 법은 없다.

1 큰 정사각형 스카프를 대각선으로 반 접어서 삼각형으로 만든다.

2 스카프로 허리의 가장 가는 부위를 감싸고, 삼각형 꼭짓점이 옆구리 쪽에서 아래를 향하도록 맞춘다.

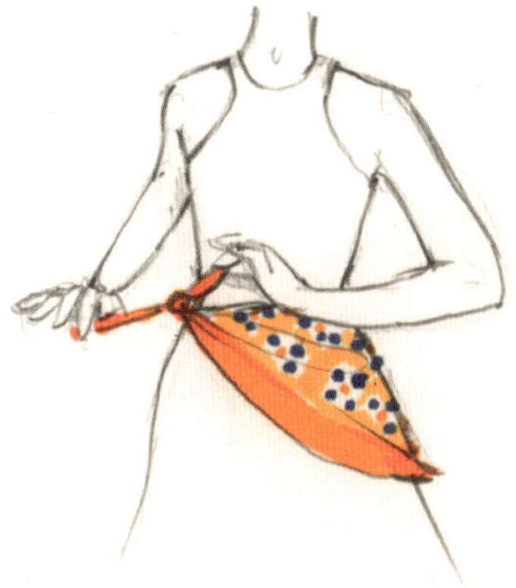

3 양쪽 모서리를 맞은편 옆구리 쪽에서 묶어 마무리한다.

The Half Bow

하프 보우 스타일

때로는 중심이 맞지 않는 요소가 오히려 완벽한 균형을 만들기도 한다.

자유롭고 간편하게 묶은 반쪽 리본도 옷차림에 딱 적절한 균형을 맞추어 준다.

1 직사각형 스카프를 목에 둘러 양 끝자락을
앞쪽에서 같은 길이로 늘어뜨린다.

2 한쪽 자락의 가운데 지점에서 느슨하게
매듭을 짓는다.

3 다른 자락의 가운데를 손으로 쥐고, 방금
만든 매듭을 통해 조금만 빼내어 반쪽만 있
는 리본을 만든다.

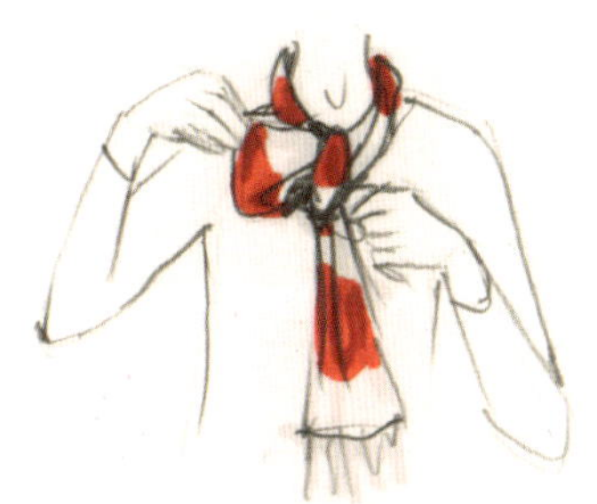

4 매듭을 꽉 조이고 리본 모양을 다듬는다.

❦ BONUS: THE PUP ❦

보너스: 퍼피 스타일

당신의 귀여운 강아지도 당신처럼 스카프를 두를 자격이 있다.

강아지에게 스카프를 둘러주면 멋스러울 뿐 아니라 유용하기도 하다.

맵시 있게 거리를 활보할 수 있고, 숲속을 산책할 때도 눈에 잘 띌 테니 말이다.

1 (더러워져도 상관없는) 작은 정사각형 스카프를 대각선으로 접어 삼각형으로 만든다.

2 강아지에게 앉으라고 말한다.

3 강아지의 목에 스카프를 느슨하게 매준다.

스카프의 역사

내가 이 책을 만들기 위해 스카프를 어떻게 그릴지 구상하기 전에도 당연히 스카프는 있었다. (물론 이 책을 만드는 일이 역사적인 일로 느껴질 정도로 오랫동안 힘들게 끌어오긴 했지만 말이다!) 그리고 스카프를 매는 방법은 정말 다양하다. 이는 오랜 시간을 거쳐 오면서 스카프가 역사에 그만큼 다양한 모습으로 얽혀들었다는 뜻이기도 하다.

고대 이집트에는 스타일에 관해서라면 최초의 스타라고 할 수 있는 네페르티티 왕비가 있었다. 유명한 네페르티티 흉상을 통해 후세에 널리 전해진 모습에서 알 수 있듯, 그녀는 상징적인 머리 장식물 아래에 스카프와 유사한 두건을 쓰고 있다.

한편, 고대 중국에서는 군의 계급을 병사의 머리 모양과 의복으로 구분했는데, 여기에 스카프도 한몫을 했다. 예를 들어, 초병은 보이스카우트 스타일(p.46)과 비슷하게 목에 천을 감아 묶고 있었다.

고대 로마에서는 남성들이 땀을 닦기 위해 수다리움이라 부르는 리넨으로 만든 수건을 목이나 벨트에 감고 다녔다. 그리고 로마 여성들도 곧 같은 방법을 사용했다.

중세 유럽에서는 스카프가 기사도를 나타내는 상징물로 기능했다. 기사들이 전투에 나갈 때, 여성들에게 정표로 스카프를 받았기 때문이다. (로맨틱하다고 해야 하나?)

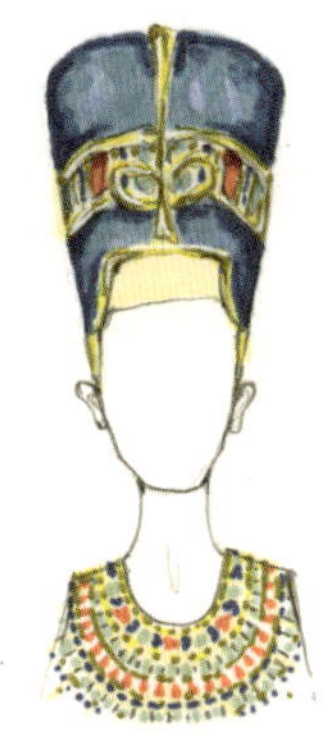

네페르티티 왕비

조세핀

17세기에는 크로아티아 용병들이 중국의 전통과 유사하게 군 계급을 표시하는 용도로 스카프를 사용했다. 사병들은 흰색 면 소재 스카프를, 장교들은 실크 스카프를 착용했다.

이후 프랑스 혁명 기간 중에는 남성들과 여성들이 정치적 성향에 따라 색이 다른 스카프를 착용했다. '자유, 평등, 박애!'를 외치던 혁명가들은 붉은색 크라바트(넥타이처럼 매는 남성용 스카프-역주)를 목에 둘렀다. 나는 프랑스인들이야말로 자연스러우면서도 우아한 스카프 스타일의 전형을 보여준다고 생각하지만, 내 생각과는 상관없이 프랑스어로 스카프를 뜻하는 CRAVAT는 크로아티아어로 스카프를 나타내는 KRAVATA에서 기원했다고 한다.

한편, 인도에서는 이미 수세기 동안 캬슈미르 숄을 직조해오고 있었다. 주로 밝은 페이즐리 무늬를 넣어 파시미나나 캐시미어 울로 만든 이 카슈미르 숄은 오랫동안 널리 알려지지 않고 있다가 나폴레옹을 통해 부인 조세핀에게 전해진 것을 계기로 유럽에 소개되었다. 이처럼 스카프의 역사는 군대와 단단하게 얽혀왔는데, 20세기에 들어서도 예외가 아니었다. 1, 2차 세계대전 동안 미국에서는 손뜨개로 스카프를 비롯한 여러 물품들을 떠서 군사들에게 보내는 것이 애국적인 일로 간주되었다. 이 기간에 조종사들은 높은 고도에서 따뜻하게 지내고 목을 보호하기 위해 스카프를 사용했다.

그러나 나는 비행과 관련하여 스카프를 가장 잘 사용한 사람으로 단연 아멜리아 에어하트를 꼽아야 한다고 생각한다. 여성 조종사의 선구자였던 아멜리아는 스타일에 있어서도 예리한 안목을 가지고 있었다. (그녀는 심지어 자신의 이미지를 차용한 의류 브랜드 사업에도 참여했다.) 그녀가 착용한 양털 에비에이터 재킷, 가죽 모자, 고글, 풍성한 실크 스카프는 두려움을 이기고 비행을 하는 당당한 태도와 성공으로 얻은 높은 유명세를 스타일로 구현해내는 역할을 했다.

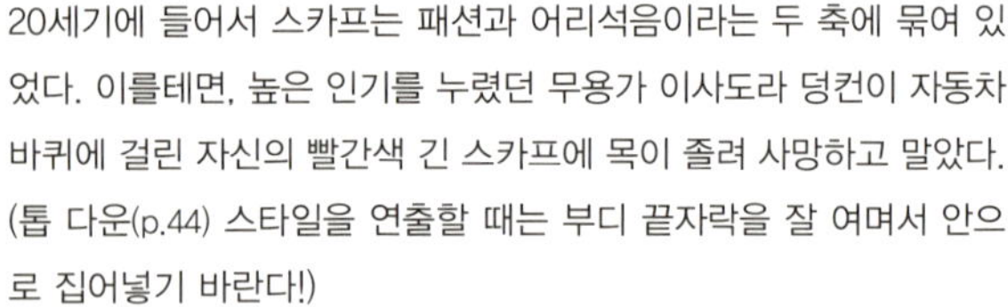

아 멜 리 아 에 어 하 트

플 래 퍼

20세기에 들어서 스카프는 패션과 어리석음이라는 두 축에 묶여 있었다. 이를테면, 높은 인기를 누렸던 무용가 이사도라 덩컨이 자동차 바퀴에 걸린 자신의 빨간색 긴 스카프에 목이 졸려 사망하고 말았다. (톱 다운(p.44) 스타일을 연출할 때는 부디 끝자락을 잘 여며서 안으로 집어넣기 바란다!)

또한 1920년대에는 허리가 없는 드레스와 짧은 머리, 느슨한 도덕 관념으로 상징되는 플래퍼FLAPPER, 즉 신여성들이 있었다. 이들은 당시 번창하던 무허가 술집에서 찰스턴 춤을 추면서 머리가 헝클어지지 않도록 단발머리 위로 스카프를 묶은 모습으로 잘 알려져 있다. 1920년대가 끝나갈 무렵인 1928년에는 오랫동안 가죽제품을 만들어왔던 회사인 에르메스에서 실크 스카프를 만들기 시작했다. 이 스카프는 나폴레옹의 군사들이 전투에서 착용했던 스카프를 본떠 만든

것이었다. 수없이 많은 예술가들과 디자이너들이 디자인한 다양한 무늬의 에르메스 스카프를 역사상 가장 유명한 패셔니스타들이 착용했다. 오드리 헵번부터 힐러리 클린턴까지 말이다. 나는 그 중에서도 그레이스 켈리가 에르메스 스카프를 가장 멋지게 이용했다고 생각한다. 그녀는 1956년, 팔이 부러졌을 때 에르메스 스카프를 삼각건 대신 걸치고 나타났다. 정말 대단하지 않은가!

스카프 스타일에서 핵심은 독창성이다. 재클린 케네디 오나시스는 스카프를 우아하게 사용하는 것으로 유명했다. 하지만 나는 리틀 에디로 잘 알려진 그녀의 사촌, 에디스 부비에 빌이 훨씬 더 독창적인 스타일을 연출했다고 생각한다. 그녀는 터틀넥이나 모피 의상을 입고 머리에 스카프를 썼다. 그리고 그 스카프를 브로치로 고정했다. 이런 모습은 〈그레이 가든〉이라는 영화를 통해 후세에 널리 알려졌다.

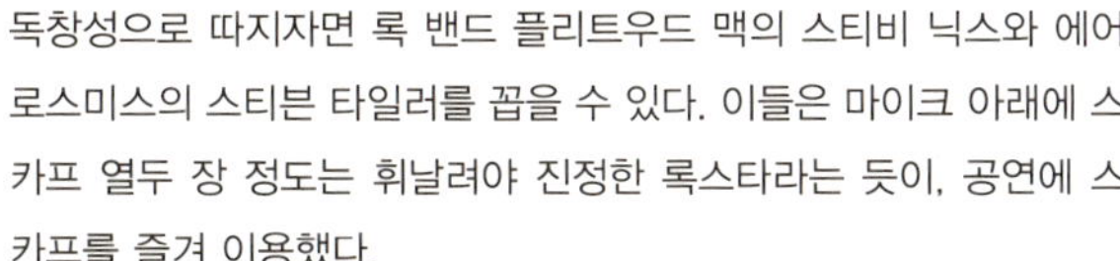

스티비 닉스 + 스티븐 타일러

마돈나

독창성으로 따지자면 록 밴드 플리트우드 맥의 스티비 닉스와 에어로스미스의 스티븐 타일러를 꼽을 수 있다. 이들은 마이크 아래에 스카프 열두 장 정도는 휘날려야 진정한 록스타라는 듯이, 공연에 스카프를 즐겨 이용했다.

영화계에서는 1967년 영화 〈보니와 클라이드〉에서 페이 더너웨이가 스카프를 맨 모습(밴디트(p.18) 스타일에 영감이 되어준 원형)을 빼놓을 수 없다. 그녀뿐만 아니라 1977년작 〈애니 홀〉에서 다이앤 키튼은 남성용처럼 보이는 수트에 모자를 쓰고 스카프를 길게 늘어뜨린 모습으로 우디 앨런의 마음을 사로잡았다.

1980년대에는 당시 팝 음악계의 공주였던 마돈나가 꼬불꼬불한 파마머리와 스컬러리 메이드(p.92) 스타일을 파괴적으로 재해석한 모습으로 〈라이크 어 버진〉을 발표하여 시대를 풍미했다.

그리고 1990년대에는 캐시미어 파시미나가 프라다의 나일론 백팩만큼이나 널리 보급되어 있었다. 1999년에 방송된 드라마 〈섹스 앤 더 시티〉의 한 에피소드에서는 사라 제시카 파커가 연기한 주인공 캐리 브래드쇼가 이 캐시미어 파시미나에 '캐시미러클'이라는 별명을 붙여주었다.

21세기에 들어선 지 10년이 훌쩍 넘은 지금도, 스카프가 역사에서 사라질 기미는 전혀 없다. 유능한 시나리오 작가인 노라 에프론은 2006년에 출간한 《내 인생은 로맨틱 코미디 I FEEL BAD ABOUT MY NECK》에서 스카프의 '가려주는 미덕'에 대해 극찬했다. 이후로는 알렉산더 맥퀸의 해골무늬 실크 스카프가 광적인 유행을 일으키며 수많은 복제품을 양산했다. 지금도 여전히 많은 유명인과 그들의 팬이 해골 스카프를 애용하고 있다.

찾아보기

마치며

이 책은 크로니클북스 출판사의 로라 리와 앨리슨이 줄기차게 격려해준 덕분에 탄생할 수 있었습니다. 뛰어난 모델링 솜씨를 가진 (그리고 쿠키가 떨어질 새라 끊임없이 새 반죽을 가져다준) 그리어. 머릿속에 맴도는 아이디어를 구체화할 수 있도록 도와준 조나스와 컬런. 믿을 수 있는 눈과 귀가 되어준 작업실 단짝 토리. 내 인생에 절대로 없어서는 안 되는 친구들인 로라, 애슐리, 제나, 조던, 사피아, 케이티. 이 책을 만드는 동안 함께 지내며 언제나 차에 기름을 가득 넣어준 나의 오빠 알렉스. 무한한 지지를 보내준 부모님 래리와 메리. 너무나 겸손한 그분들 덕분에 중요한 일이 닥쳤을 때 들뜨지 않고 현실적으로 생각할 수 있었습니다. 그리고 스카프가 가장 멋지게 어울리는 강아지 조에. 끝으로 우주의 섭리에 따라 중요한 순간마다 내게 나타나주

시는 듯한 나의 할머니 이니드. 이 책에 대한 구상을 마무리하기 얼마 전에 할머니 댁에서 보물을 발견했습니다. 낡은 스카프

들과 한 번도 본 적이 없는 스타일로 가득한 《스카프 매는 방법》이라는 오래된 책자였지요. 이 책에 소개한 연출법들 중에서도

가장 아끼는 노티드 빕, 팬, 크리스크로스 스타일은 이렇게 마지막 순간에 찾은 보물에서 영감을 얻은 것입니다. 스카프로 옷

차림에 마지막 장식을 더해주듯, 창의력이 넘치는 나의 할머니에게 감사를 전하는 것으로 이 책을 마칩니다.

스카프를 매는 50가지 방법

초판 1쇄 발행 ｜ 2016년 3월 28일
지은이 ｜ 로렌 프리드먼
옮긴이 ｜ 서나연
펴낸곳 ｜ 윌스타일
펴낸이 ｜ 김화수
출판등록 ｜ 제 300-2011-71호
주소 ｜ (03174) 서울시 종로구 사직로8길 34, 1203호
전화 ｜ 02-725-9597
팩스 ｜ 02-725-0312
이메일 ｜ willcompany@nate.com
ISBN ｜ 979-11-85676-26-5　13590

* 윌스타일(WILLSTYLE)은 윌컴퍼니(WILLCOMPANY)의 취미·실용 전문 브랜드입니다.
* 잘못된 책은 구입하신 곳에서 바꿔드립니다.
* 책값은 뒤표지에 있습니다.

이 도서의 국립중앙도서관 출판예정도서목록(CIP)은 서지정보유통지원시스템 홈페이지
(http://seoji.nl.go.kr)와 국가자료공동목록시스템(http://www.nl.go.kr/kolisnet)에서
이용하실 수 있습니다.(CIP제어번호: CIP2016006597)